Illustrations of Naturalized Plants in East China

华东归化植物图鉴

主 编 严 靖 闫小玲

河南科学技术出版社
·郑州·

图书在版编目（CIP）数据

华东归化植物图鉴 / 严靖，闫小玲主编. —郑州：河南科学技术出版社，2024.2
ISBN 978-7-5725-1288-9

Ⅰ.①华… Ⅱ.①严… ②闫… Ⅲ.①植物–华东地区–图集 Ⅳ.①Q948.525–64

中国国家版本馆CIP数据核字（2023）第178054号

出版发行：河南科学技术出版社
　　　　　地址：郑州市郑东新区祥盛街27号　　邮编：450016
　　　　　电话：（0371）65737028　65788613
　　　　　网址：www.hnstp.cn
策划编辑：陈淑芹
责任编辑：司　芳
责任校对：丁秀荣
封面设计：张德琛
责任印制：张艳芳
印　　刷：河南省邮电科技有限公司
经　　销：全国新华书店
开　　本：889 mm×1 194 mm　1/16　印张：22.75　字数：500千字
版　　次：2024年2月第1版　　2024年2月第1次印刷
定　　价：380.00元

如发现印、装质量问题，影响阅读，请与出版社联系并调换。

《华东归化植物图鉴》编写人员

主　　编	严　靖　闫小玲
副 主 编	张文文　李惠茹
编写人员	严　靖　闫小玲　张文文　李惠茹
摄　　影	严　靖　闫小玲　张文文　汪　远
	李惠茹　王樟华　朱鑫鑫　刘全儒
	王瑞江　朱金文　吴棣飞　葛斌杰
	龚　理　李　垚　娄文睿

前　言

　　物种的交换是一个非常古老的故事，甚至古老到自生命体诞生开始，因为所有生命都有着繁衍生息、传播扩散和开疆拓土的本能。

　　我们关注的则是植物的传播与人类之间的关系，这和植物的自然扩散是不同的。比如新月沃地的小麦，非洲的西瓜，北美洲的向日葵，还有来自南美洲的很多人都爱吃的玉米和番薯，它们在中国都是人们耳熟能详的植物。而所有这些都是人类介导的有意识的传播，是"人为"的，而非"自然"的，在现行的概念下，这种由人为介导而传入的物种被称为"外来种"，并且通常以国界为划分标准。这是因为人类的活动极大地改变了自然进程，加速了一些物种的灭绝速度，同时也加速了另一些物种的传播速度。

　　我们总是将人类介导的传播分为有意引种和无意带入。"有意引种"在不同的时代背景下有引种规模大小之分，并且根据不同的引种目的，所引入的物种大体上都有特定的范围；而"无意带入"则随意多了，任何物种都有可能在不知情的情况下进入，这个过程贯穿在人类文明史的始终。

　　在有些情况下，引入栽培的外来植物一旦适应了新环境，它们就能自我繁衍，不再需要人们的悉心照料，此时它们就逸生了。肯定有人见到过长在荒地里的番茄（西红柿），也肯定有人吃过出现在野地里的苋，番茄（*Lycopersicon esculentum* Mill.）来自南美洲，苋（*Amaranthus tricolor* L.）则来自印度。当它们在自然或半自然的生态系统或生境中建立了属于自己的稳定种群时，它们就成为归化种（naturalized species），苋就是这样的例子。而改变并威胁本地生物多样性并造成经济和生态损失的，就是外来入侵种（alien invasive species）。所以，外来植物总体上有这么一条变化的途径：

　　因此，外来种有归化的可能，归化种有入侵的风险。

　　那么中国究竟有多少种外来植物呢？自史前时代起，就一直有外来植物不断地进入中国，原产自中亚的大麻最晚约在 2500 年前就已传入中国，然后随着人类活动将其传播到华北，并成为中国古代的主要栽培作物之一。小麦进入中国的时间则更早了，考古证据显示，西亚的小麦最迟在距今 4000 年以前就已经传入中国境内，而且很有可能更早至距今 4500 年。"麻"和"麦"都是在《诗经》里出现过的植物，在文化和物质交流都极为艰难的春秋时期，植物传播得异常缓慢，因此种类也是屈指可数。我们姑且将这一时期称为前张骞时期。

　　张骞出使西域是一个转折点，他让包括紫苜蓿、葡萄、石榴在内的诸多异域植物进入中国的可能性大大提高，而且大多都有史料记载，这是丝绸之路的意义所在，这是张骞的首开西域之功。而后随着唐宋的空前开放和元朝的盛极一时，中土与西域及其他地区的交流更加频繁。这一时期，一系列瓜果蔬菜、草药佳卉或具宗教色彩的植物纷纷进入中国，芫荽、胡麻、胡桃、西瓜、菩提树、水仙、罂粟、茼蒿、蓖麻……这个名单远不止这么长。尽管如此，这一漫长时期内的交流大都限于陆路，虽然唐朝就已有遣唐使，宋朝就已开辟对日航线和高丽航线，但海外交流仍然有限。对于我们关注的物种交换事件而言，即使是明朝初年的郑和下西洋也贡献寥寥。下一次转折点应该是伟大的1492年，这是一个全球大航海时代开启的标志性年份。自张骞出使西域（公元前139年）至哥伦布远航美洲的1600多年，我们称之为前大航海时代。

1492年之后，物种的交换迎来了大爆炸时期，世界各地的政客、商人、园艺家、探险者、医生、植物学家等在世界各地寻找着植物，以至于"植物猎人"成为当时一个非常时髦的职业。玉米、番茄、马铃薯、番薯、辣椒、木薯、花生、仙人掌、紫茉莉、烟草、向日葵、含羞草……这些远渡重洋的植物纷至沓来，在很短的时间内就改变了中国人的饮食结构，令人眼界大开——含羞草居然会动！这里面的故事太多太多，而且精彩纷呈，每一种植物的传入都是一个传奇的故事。这些都是属于大航海时代的精彩！

对于发生在中国的物种交换事件而言，应该还有两个时间节点：鸦片战争和改革开放。尤其是改革开放之后，伴随着中国农业、林业及园艺事业的逐渐发展，外来物种开始成规模、有计划地被引入中国。以黑麦草为代表的草坪草与牧草、以娜塔栎为代表的美洲栎类树种，特别是以景天科、番杏科和仙人掌科为代表的多肉植物以及兰科植物，正通过多种途径进入中国，并且这一过程还将一直持续下去。据估计，仅兰科植物进入中国的数量就达10 000种以上，在流入的外来植物中位居第一。这是前所未有的现象，因为这是一个全球一体化的时代！

正因如此，"中国究竟有多少种外来植物"这个问题只能用"越来越多"来回答。在历史长河中，不管流入了多少种外来植物，那些有意引种的自有人为之登记造册。那么归化植物呢？我们需要认识到，自2003年起陆续公布的四批中国外来入侵物种名单中有39种入侵植物，它们的入侵都是由归化开始的。因此为中国归化植物建档归案就有着另一个层面的意义了，既是为了解自身家底，也是为防患于未然。

《中国归化植物名录》（英文版）（2019）的出版就是这份档案的初步建立，该书共记载了中国归化植物933种（含种下等级），隶属于103科482属。但是仍然还有许多问题尚待解决，这些归化植物的首次引入时间是何时？首次引入地（或首次发现地）是哪儿？是以何种方式传入的？空间分布格局如何？其分布格局随时间有何变化？有哪些物种信息是需要更正或澄清的？

本书立足于华东地区，在收集标本信息和查阅文献的基础上，对华东地区归化植物进行了全面调查，统计分析了华东地区归化植物的物种组成和分布格局，旨在制定一份完整且准确的华东地区归化植物名录，完善华东地区归化植物的基本资料，并对其首次引入（或发现）地、引入时间和引入途径进行综合分析，尝试解决上述问题，以期为外来植物的科学管理提供依据，也为其他地区乃至全国归化植物的研究提供参考。

本书共收录了华东地区归化植物298种（含种下等级），隶属于62科182属。对每一物种进行准确鉴定，并对其拉丁学名、原产地进行严格考证，排除尚存争议的种类，增加新发现的种类，根据APG Ⅳ系统进行科的划分，同时依据最新的分子系统学证据进行属的划分。每个物种都有简明扼要的描述，包括形态特征、物候期、原产地、首次引入（或发现）地、引入时间、引入途径、在华东地区的分布状况、物种状态（入侵、归化或偶有逸生），并配有彩色图片以便于识别，此外还对一些相似种或有争议的地方做了详细说明，以便让读者获取更加准确和翔实的信息。

感谢上海市绿化和市容管理局科学技术项目（G182419，2018—2020）的资助。本书的编写由上海辰山植物园和上海市林业总站相关人员共同完成。在本书的编研过程中，中国科学院植物研究所李振宇研究员、北京师范大学刘全儒教授和中国科学院华南植物园王瑞江研究员给予了大力的支持和帮助，上海辰山植物园的李惠茹和杜诚助理研究员、杭州睿琪软件有限公司的汪远工程师、华东师范大学的廖帅博士等人在野外调查和本书编写过程中亦给予了帮助，团队的每一位成员都付出了极大的努力，图片的收集工作还得到了其他单位多位同行的鼎力相助，在此我们表示诚挚的感谢！

由于编写工作艰巨，考证难度较大，编者的学识水平有限，书中难免存在一些疏漏和不足，欢迎广大读者及专家予以指正并提出宝贵意见，以使我们的工作更加完善。

编　者

2020 年 10 月于上海松江

目　录

>>>>>>>>>> 总 论

华东地区地处中国东部沿海，包括安徽省、福建省、江苏省、江西省、山东省、上海市和浙江省六省一市，面积约 85 万 km² （占全国的 8.8%），地形复杂，以丘陵、盆地和平原为主，属亚热带湿润性季风气候和温带季风气候。该地区跨北亚热带与中亚热带两个生物气候带，气候差异明显，植物资源丰富。其海岸线绵长，沿海岛屿众多，且拥有国家一类口岸 75 个和 4 个临时开放口岸，对外交流频繁，交通发达，人口众多，经济繁荣。高度的对外开放使得华东地区成为外来植物进入中国的主要通道之一，复杂的地形和气候则使外来物种更易在本地定殖并归化，因此该地区所遭受的入侵威胁尤其严重。

归化植物是指在无人为干扰的情况下可自行繁衍的来自本土之外的异域植物，并且能够长期（通常为 10 年以上）维持种群的自我更替（Pyšek et al., 2004），即当外来物种在自然或半自然的生态系统或生境中建立了种群时，称为归化（Jiang et al., 2011），而改变且威胁本地生物多样性并造成经济和生态损失时，就构成了入侵（IUCN, 1999）。归化是入侵的前期阶段，入侵植物是归化植物的子集，归化植物有造成入侵的潜在风险，因此为了更好地对外来种进行管理，避免其造成入侵危害，有必要对归化植物进行详细的研究。

相对于入侵植物，那些入侵性较弱或已归化但尚未形成入侵的植物更容易被忽视。随着全球气候变化加剧以及贸易、旅游和交通的发展，跨区域的物种交换也日益增多。Pyšek 等（2017）对全球归化植物作了统计分析，指出在世界热带和温带区域所包含的归化植物分别达到了 6774 种和 9036 种。近年来对于中国归化植物也有相关的研究（Wu et al., 2010; Jiang et al., 2011; 许光耀等，2019; 罗莉等，2020），但多数研究所依据的归化植物基础数据存在诸多问题，如错误鉴定、学名混乱、未正确区分归化与栽培、原产地不明、地理信息不清等。因此，无论是国家层面还是地方层面，对于归化植物的详细调查与研究都非常必要，区域性归化植物的研究对地方外来植物管理与防治对策的制定具有重要的指导意义。

1 数据来源

笔者收集了历年来国内外报道华东地区归化植物的文献和专著（2020 年 6 月截止），查询了相关专业网站数据库，对其进行分类整理和分析，并查阅国内各高校、研究所及博物馆的植物标本馆（室），对其中采自华东地区的归化植物标本信息进行登记。在搜集信息的基础上，于 2014—2019 年对华东地区归化植物进行了全面的野外调查，以县（县级市/区）级行政区划为调查单元，以地级市为标本采集单元（标本存放于上海辰山植物标本馆），以路线踏查的方式对交通道路周围、居民区、农田、建筑工地、撂荒地、河滩、车站、码头、口岸等各种生境进行调查和采集，记录物种名称、生境、GPS 信息、多度信息并拍摄照片，重点调查了对外交流较频繁的区域，如港口码头和粮油加工厂附近。同时，应用典型取样法（选择若干个典型的生境如荒地、林缘、林下等处进行草本样方调查）估测归化植物在区域内的个体数量和在群落中的相对多度，掌握区域内归化植物的分布状况，评定其状态（栽培、偶有逸生、归化）。

笔者根据归化植物的定义并结合文献及标本记录，对归化植物的判断标准如下：（1）在无须人为干预的情况下可建立稳定种群；（2）可长期（通常为 10 年以上）维持种群的自我更替，能够完成完整的生活史（如从种子到种子）；（3）归化植物的种群应远离栽培群体，即能够占据非栽培生境，是否归化应视（1）、（2）而定，栽培群体［如黑松（*Pinus thunbergii*）人工林］周围的更新苗属于逸生状态；（4）归化种群的数量及分布区域应达到一定的规模，分布不局限于一处，且至少在一处分布地占据优势地位（优势种）；（5）对于存有争议的种类［如桉属（*Eucalyptus*）的多种植物］，笔者均咨询了相关专家，根据各方面的综合意见对外来植物进行合理评定。

2 数据处理与分析

笔者对每一物种都进行了准确鉴定，并对其拉丁学名、原产地进行严格考证，排除尚存争议的种类，增加新发现的种类，根据 APG Ⅳ 系统［是由 APG（被子植物系统发育研究组）建立的被子植物分类系统第 4 版］进行科的划分，同时依据最新的分子系统学证据进行属的划分。根据调查所得的现有种群数量和相对多度，结合文献与标本数据库对其状态进行评估，形成完善且准确的华东地区归化植物名录。通过详细的历史文献考证和历史标本查阅，确定其引入途径、首次引入（或发现）地和引入时间。以每百年为单位（并根据重大历史事件或重要纪年将其划分为 6 个历史时期）探讨归化植物引入的时间分布式样，以省级行政区划为统计单元分析其空间分布格局。在此基础上统计分析华东地区归化植物的物种组成、生活型、原产地、引入途径、首次引入（或发现）地、引入时间及空间分布状况。

由于主客观条件的限制，且绝大多数归化植物均存在多次引入的可能，先前对归化植物的研究在首次引入地和引入时间方面常存在争议，笔者通过查阅大量的文献数据库和历史标本记录，根据所能查到的最早的文献、著作（包括古籍）或标本确定其首次引入地和引入时间，其中古籍中所提供的信息有限，但可根据其中文名和相应的特征及分布描述，并结合现代植物学家如吴征镒先生、汤彦承先生、李振宇先生等的植物学考证，以确定其对应的现代植物名称。笔者在附录中对其首次引入地和引入时间等关键信息均列出了相关依据，以使其有据可查。

3 华东地区归化植物的物种组成特征、引入分析及其时空分布

3.1 物种组成特征

本书共收录华东地区归化植物 298 种，隶属于 62 科 182 属。从科的组成来看，菊科（49 种）、豆科（35 种）、禾本科（28 种）和苋科（25 种）是华东地区归化植物的主体，共计 137 种，占总种数的 46.0%。以菊科所含种数最多，茄科（5.4%）和大戟科（3.7%）也占有一定比例。大于 5 种（含 5 种）的科有 13 个，共计 220 种，占 73.8%（图 1）。此外只含 1 种的科有 30 个。

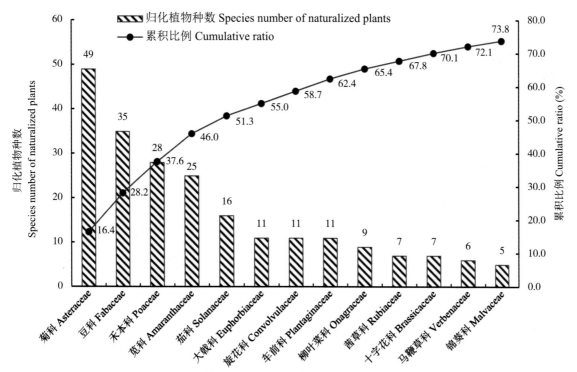

图 1 华东地区归化植物主要科的种类组成

Fig.1 Species composition of the major families of naturalized plants in East China

从属的组成来看，含物种数最多的是苋属（*Amaranthus*）（16 种），其次为大戟属（*Euphorbia*）（10 种）、番薯属（*Ipomoea*）（9 种）和茄属（*Solanum*）（9 种），大于 3 种（含 3 种）的属有 23 个，共计

113 种，占总种数的 37.9%（表 1）。此外含 2 种的属有 26 个，只含 1 种的属有 133 个。

表 1 华东地区归化植物主要属及其种类组成

Table 1 Major genera and species composition of naturalized plants in East China

属 Genera	种数 Number of species	属 Genera	种数 Number of species
苋属 *Amaranthus*	16	仙人掌属 *Opuntia*	3
大戟属 *Euphorbia*	10	猪屎豆属 *Crotalaria*	3
番薯属 *Ipomoea*	9	含羞草属 *Mimosa*	3
茄属 *Solanum*	9	酢浆草属 *Oxalis*	3
月见草属 *Oenothera*	6	曼陀罗属 *Datura*	3
决明属 *Senna*	5	酸浆属 *Physalis*	3
飞蓬属 *Erigeron*	5	鬼针草属 *Bidens*	3
雀稗属 *Paspalum*	5	金鸡菊属 *Coreopsis*	3
婆婆纳属 *Veronica*	4	紫万年青属 *Tradescantia*	3
黑麦草属 *Lolium*	4	莎草属 *Cyperus*	3
独行菜属 *Lepidium*	4	莲子草属 *Alternanthera*	3
蒺藜草属 *Cenchrus*	3		

3.2 生活型统计

由图 2 可知，华东地区归化植物的生活型以草本为主，共计 249 种，占总种数的 83.6%，其次为藤本（21 种，7.0%）和灌木（21 种，7.0%），乔木所占比例最小（7 种，2.4%）。藤本植物中以一年生草质藤本为主（10 种，3.4%）。在所有草本植物中，一年生草本最多，计 110 种，占总种数的 36.9%，其次为多年生草本（100 种，33.6%），一 / 二年生草本（20 种，6.7%）和一 / 多年生草本（16 种，5.4%）数量相当，二年生草本最少（3 种，1.0%）。

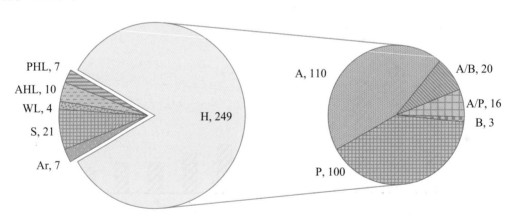

A：一年生草本；A/B：一 / 二年生草本；A/P：一 / 多年生草本；AHL：一年生草质藤本；Ar：乔木；B：二年生草本；H：草本；
P：多年生草本；PHL：多年生草质藤本；S：灌木；WL：木质藤本

图 2 华东地区归化植物的生活型组成

Fig. 2 Analyses of naturalized plants with different life forms in East China

A, Annual herbs; A/B, Annual or biennial herbs; A/P, Annual or perennial herbs;

AHL, Annual herbaceous liane; Ar, Arbor; B, Biennial herbs; H, Herbs;

P, Perennial herbs; PHL, Perennial herbaceous liane; S, Shrub; WL, Wood liane

3.3 原产地分析

分析结果显示，华东地区归化植物的原产地共计447频次。原产于北美洲的频次最高，为168频次（占37.6%），其次为南美洲（143频次，32.0%），其中原产于美洲的物种中有80种为热带美洲起源。原产于亚洲的为45频次（10.1%），欧洲为42频次（9.4%），非洲为41频次（9.2%），其中原产于欧洲的物种中有一种为杂交起源（即黄花月见草 Oenothera glazioviana）；原产于大洋洲的最少，为8频次，占比1.8%（图3）。

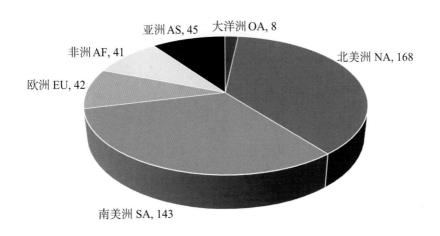

图3 华东地区归化植物的原产地分析

Fig. 3 Analyses of native habitat of naturalized plants in East China

AF, Africa; AS, Asia; EU, Europe; NA, North America; OA, Oceania; SA, South America

3.4 首次引入地与引入途径

从引入地来看，首次引入地（或发现地）为华南地区的物种数最多，达84种，其中以广东省和香港为主，分别为34种；其次为华东地区（75种）和台湾（72种），之后依次为西南地区（18种，以云南为主）、东北地区（15种，以辽宁为主）、西北地区（14种，以新疆为主）、华北地区（14种，以北京为主），另有6种首次引入地不详（图4）。

在所有首次引入地为华东地区的物种中，以江苏、福建和浙江为主，分别为18种、17种和17种，首次引入山东的有10种，上海9种，处于内陆地区的江西和安徽则较少，分别只有3种和1种，其中发现于安徽的为异檐花（Triodanis perfoliata subsp. biflora）（1981年发现于安庆）。此外，原产于北美洲的头序巴豆（Croton capitatus）于2018年错误地以密毛巴豆（Croton lindheimeri）的名称报道其归化于安徽滁州（张思宇等，2018）。之后夏常英等（2020）在江苏常州和山东济宁等地也记录到此种，发现其幼嫩部位密被黄褐色短柔毛、叶片先端锐尖、雌花具稍长的雌蕊且萼片先端在花后不反折而不同于密毛巴豆，应为头序巴豆。笔者曾去其分布地点实地调查，发现由于土地利用性质的改变，仅发现有零星分布，种群较小，尚未定殖成功。

由图5可知，华东地区归化植物的引入途径以人为有意引入为主，达156种，随人类活动等无意带入的有142种。156种有意引入的归化植物引入途径共计171频次，其中作为观赏植物引入的频次最高，达94频次，占比55.0%，其次为饲料牧草（25频次），之后为绿肥植物（13频次）、药用植物（12频次）和食用植物（11频次），以其他用途如护坡、造林等引入的则较少。

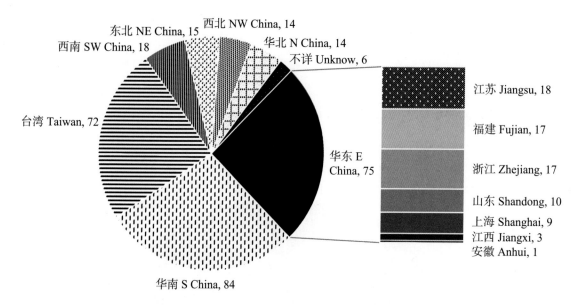

图 4 华东地区归化植物的首次引入地（或首次发现地）分析

Fig. 4　Analyses of first detected locations of naturalized plants in East China

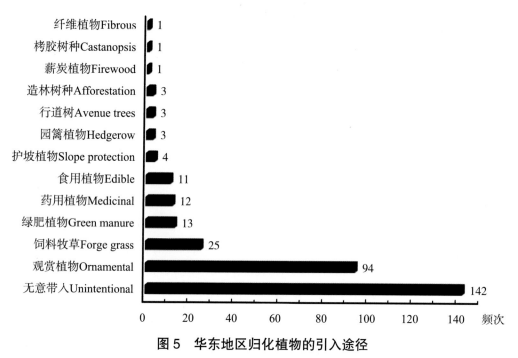

图 5 华东地区归化植物的引入途径

Fig. 5　Introduction of naturalized plants in East China

3.5 时间分布特征

从时间分布上来看,自先秦至16世纪,华东地区归化植物的累积种类大致趋于平稳,只在1200年(宋代)和1500年(明代)稍有增长(均增加3种),之后一直到19世纪中期经历了一个明显的涨幅,增加了27种。总体来说,1850年之前的两千余年间华东地区归化植物累计只有42种,只占总数的14.1%,增长速率为2种/百年。1850年之后,华东地区归化植物则呈现出指数增长的趋势,至2020年已累积达298种,增长速率达150.6种/百年,即平均每年增加1.5种(图6)。

如图7所示,我们根据与国际物种交流有关的重大历史事件或重要纪年将其划分为6个历史时期,划分的时间节点依次为:哥伦布发现新大陆（1492年）、第一次鸦片战争（1840年）、中华人民共和国成立（1949 年）、改革开放（1978 年）和 21 世纪。以此 6 个历史时期为横坐标对华东地区归化植物的累积种数进行分析后发现，第一次明显的增长出现于第二阶段，增加了 25 种，而最大的增幅则出现于第三阶段，增加了 163 种，且大部分的增长都集中于 19 世纪末至 20 世纪初的几十年间，随后增长速率稍有减缓，但依然增长迅速，21 世纪的最初 20 年就增加了 23 种。

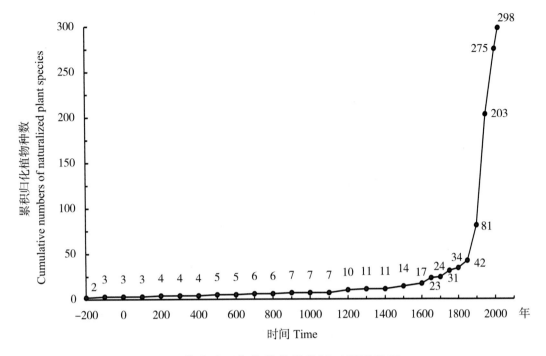

图 6　华东地区归化植物种类随时间累积图

Fig. 6　Naturalized plant species accumulated over time in East China

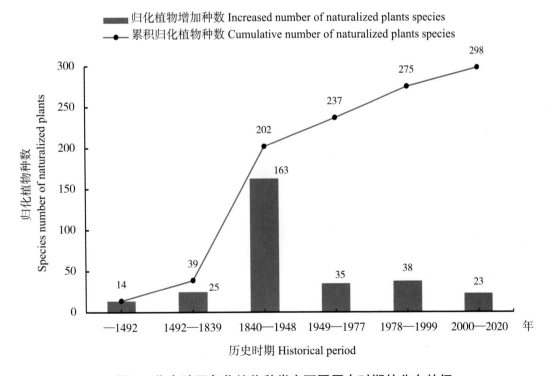

图 7　华东地区归化植物种类在不同历史时期的分布特征

Fig. 7　Distribution pattern of naturalized plant species in different historical periods in East China

3.6 空间分布特征

根据野外调查和文献统计，华东地区各省（直辖市）的归化植物种数差别不大，但总体上呈现由南往北逐渐减少的趋势。归化植物种数最多的是福建，有 238 种，其次是浙江（182 种）和江西（174 种），最少的是上海（130 种），但其物种密度最高，达 20.5 种 / 万 km²（表 2）。

从物种水平来看，华东地区归化植物中的 103 种在 7 个省（直辖市）均有分布，占总数的 34.6%；33 种在 4 ~ 6 个省（直辖市）有分布，86 种在 2 ~ 3 个省（直辖市）有分布。而仅在 1 个省（直辖市）有分布的则达 76 种，占总数的 25.5%，其中只在福建有分布的种数最多，达 54 种，其次为山东（13 种）、浙江（4 种）和江苏（2 种），安徽、江西和上海则各只有 1 种，分别是双角草（*Diodia virginiana*）、翼茎丁香蓼（*Ludwigia decurrens*）和翅果裸柱菊（*Soliva sessilis*）。华东地区规划植物的分布格局如图 8 所示。

表 2　华东各省归化植物种数及密度

Table 2　Naturalized plant species and density in provinces of East China

省（直辖市） Province	种数 No. of species	密度（种数 / 万 km²） Density（Species number/10 000 km²）	面积（万 km²） Area（10 000 km²）	GDP（2019）（亿元人民币） （100 million RMB）
福建 Fujian	238	19.2	12.40	42 395
浙江 Zhejiang	182	17.4	10.47	62 352
江西 Jiangxi	174	10.4	16.80	24 757
山东 Shandong	148	9.5	15.58	71 067
江苏 Jiangsu	142	13.8	10.32	99 631
安徽 Anhui	137	9.8	14.01	37 114
上海 Shanghai	130	20.5	6.34	38 155

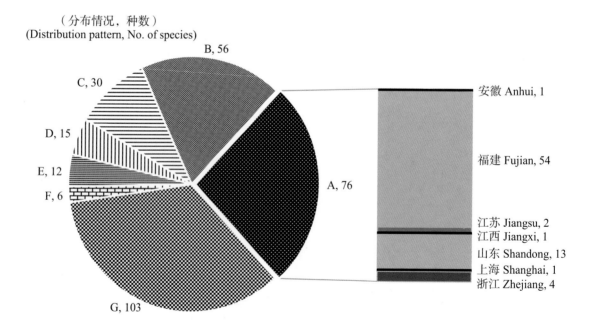

图 8　华东地区归化植物的分布格局［A~G 依次代表在 1~7 个省（直辖市）有分布的物种］

Fig. 8　Distribution pattern of naturalized plant species in East China

A~G represent the species distributed in 1~7 provinces in turn

3.7 物种信息的更正

与先前的研究相比，本书所收录的物种信息有诸多不一致之处，主要体现在删除了一些先前文献记载为归化植物的种类，增加了一些新发现的归化植物。删除的种类如下：（1）经核实为国产种的，如白花草木樨（*Melilotus albus*）、小藜（*Chenopodium ficifolium*）、灰绿藜（*Chenopodium glaucum*）、苦苣菜（*Sonchus oleraceus*）、牛繁缕（*Myosoton aquaticum*）、青葙（*Celosia argentea*）、蚊母草（*Veronica peregrina*）、香附子（*Cyperus rotundus*）、荠（*Capsella bursa-pastoris*）、长叶车前（*Plantago lanceolata*）等。（2）在华东地区仅处于栽培状态的，如串叶松香草（*Silphium perfoliatum*）、肥皂草（*Saponaria officinalis*）、一串红（*Salvia splendens*）、朱唇（*Salvia coccinea*）、罗勒（*Ocimum basilicum*）、阔荚合欢（*Albizia lebbeck*）、黑松（*Pinus thunbergii*）、灰金合欢（*Acacia glauca*）、金合欢（*Acacia farnesiana*）以及桉属（*Eucalyptus*）的多种植物等。增加的种类则为近十年来新近报道的归化植物，有南美独行菜（*Lepidium bonariense*）、糙果苋（*Amaranthus tuberculatus*）等20余种。书中还对之前的错误鉴定均进行了更正，如白花金钮扣（*Acmella radicans* var. *debilis*）误鉴定为 *A. brachyglossa*，毛果茄（*Solanum viarum*）误鉴定为喀西茄（*Solanum aculeatissimum*），南美天胡荽（*Hydrocotyle verticillata*）误鉴定为 *H. vulgaris*，北美苍耳（*Xanthium chinense*）误鉴定为苍耳（*X. strumarium*）、蒙古苍耳（*X. mongolicum*）或偏基苍耳（*X. inaequilaterum*）等，此外澄清了反枝苋（*Amaranthus retroflexus*）和绿穗苋（*A. hybridus*）之间的混淆，重新厘清了两者在华东地区的分布状况。另外还有一些种类的原产地尚存争议，如欧洲千里光（*Senecio vulgaris*）、琉璃繁缕（*Anagallis arvensis*）、苘麻（*Abutilon theophrasti*）、野西瓜苗（*Hibiscus trionum*）、霜毛婆罗门参（*Tragopogon dubius*）等，中国可能为其原产地之一，尚待考证。

此外，还有一些新近报道的新记录植物尚处于定殖期。2013年发现于江苏省连云港市赣榆县（现为赣榆区）的刺毛峨参（*Anthriscus caucalis*）数量不多，分布面积并不大，笔者于2021年去实地核实时已不见其种群。2019年发现于浙江宁波的弯喙莒（*Urospermum picroides*）也处于定殖初期，仅在北仑迎宾路两侧的人工草坪和绿化带等生境发生（杨旭东等，2020），与刺毛峨参相类似，这些物种所处的生境生态结构简单，其本身群落结构的平衡性易被打破，因此归化尚需一定的时间。此外在华东地区尚处于定殖初期的物种还有德州酢浆草（*Oxalis texana*）、槭叶小牵牛（*Ipomoea wrightii*）、头序巴豆（*Croton capitatus*）、小花庭菖蒲（*Sisyrinchium micranthum*）、庭菖蒲（*Sisyrinchium rosulatum*）、京都冷水花（*Pilea kiotensis*）、南泽兰（*Austroeupatorium inulifolium*）、刻叶老鹳草（*Geranium dissectum*）、阔叶慈姑（*Sagittaria platyphylla*）、心叶刺果泽泻（*Echinodorus cordifolius*）、水蕴草（*Elodea densa*）、匍匐丁香蓼（*Ludwigia repens*）、车前叶蓝蓟（*Echium plantagineum*）、假苍耳（*Cyclachaena xanthiifolia*）和败酱叶菊芹（*Erechtites valerianifolius*）等。上述物种虽处于归化初期，但仍然需要对其种群进行必要的监控，尤其需要警惕传播速度快的菊科植物和种群易暴发的水生植物。

归化植物的种类及其分布是一个动态变化的过程。根据笔者的调查发现，多数物种在华东地区的分布都有所扩大，如假臭草（*Praxelis clematidea*）已向北扩散至浙江温州，发现于海南的锐尖叶下珠（*Phyllanthus debilis*）在福建漳州和江西赣州有少量分布，主要见于公园绿化带或苗圃周边而尚未归化。另外也有少数种类曾见于报道，但由于种种原因未能成功归化，如蓟罂粟（*Argemone mexicana*）于1978年曾见于福建厦门鼓浪屿，落地生根（*Bryophyllum pinnatum*）曾于1994年在浙江温州有报道，田野毛茛（*Ranunculus arvensis*）和刺苍耳（*Xanthium spinosum*）曾于1995年在安徽阜阳有报道，皱子白花菜（*Cleome rutidosperma*）于2007年发现于安徽绩溪和江西九江，蒺藜草（*Cenchrus echinatus*）曾于2009年在浙江普陀山出现，长芒苋（*Amaranthus palmeri*）曾于2016年在江西进贤有分布，扭花车轴草（*Trifolium resupinatum*）于2018年在上海市崇明区有分布，但现在均已不见其归化种群。

4 讨论

4.1 归化植物物种组成特征

菊科、豆科、禾本科、苋科和茄科构成了华东地区归化植物的主体，这与中国归化植物的物种组成特征（Jiang et al., 2011; 许光耀等，2019）相似，在美国构成入侵的533种植物中占比最高的也是禾本科、菊科和豆科（Ma, 2010）。其中前三者均为世界性分布大科，所含种类众多，后两者中多数种类为伴人植物，极易随人类活动如粮食贸易、货物运输或有意引种等方式跨区域传播扩散，所含种类最多的苋属（16种）即是随粮食贸易被无意带入中国的，茄属（9种）中的大多数种类亦是如此。王宁等（2016）对515种中国外来入侵植物进行分析后发现，禾本科、菊科和豆科中所包含的克隆植物种数占多数。以往的研究发现，许多入侵植物是典型的克隆植物，其多样化的繁殖方式和适应机制增强了其环境适应性（Liu et al., 2006; Roiloa et al., 2014），多数植物通过克隆繁殖能够迅速归化。因此，由于其内在的生物及生态学特性，加之其与人类活动具有较强的关联性，使得上述5个科的物种成为归化甚至是入侵植物的主体。

美洲是华东地区归化植物的主要原产地，其中以北美洲为主，南美洲次之。这主要是由相互间的交流程度和气候条件两方面因素决定的，频繁的人员交流和国际贸易使北美洲成为归化植物的最大来源地，相似的气候环境与不同的进化史则进一步使外来植物更易定殖。相应的，美国入侵植物的原产地则以亚洲为主，其次为欧洲（Ma, 2010），这也说明国际交流程度是影响外来植物多样性的直接原因，而气候相似性则是影响其归化或入侵比例的根本原因。

从生活型来看，草本植物占据着绝对的优势，占比达83.6%，其中以一年生草本为主，多年生草本次之。这是植物本身的生活史特征和生境相互作用的结果，伴人植物大多数都是一年生植物，菊科、苋科和大戟科的大多数种类均为一年生草本，其短暂的生活史能够快速适应干扰的生境，尤其是受人类干扰严重的开阔生境，这里允许其幼苗快速生长并产生种子。多年生植物则相对稳定，其生长更倾向于干扰相对轻微的环境。因此，人类干扰是归化的重要驱动力（Foxcroft et al., 2017），不仅影响外来植物的归化比例，还影响归化植物的分布格局。

4.2 首次引入（发现）地、引入途径与引入时间分析

从引入时间上分析，16世纪前，人类跨区域的交流活动极为有限，外来植物传播扩散的途径较少，其原产地也多为欧亚大陆。自16世纪始，原产于美洲大陆的外来植物不断输入我国，但限于当时长期的闭关锁国政策，增长幅度并不大。19世纪中期，西方各国在鸦片战争后陆续侵入中国，外来植物以平均每年约1.5种的速度急剧增加，是之前的75倍，仅1840—1948年的近百年间就增加了163种。随着全球一体化进程的加速，世界各地的交流日益密切，同时伴随着中国农业、林业及园艺事业的逐渐发展，外来物种开始成规模、有计划地被引入中国。据估计，仅兰科植物引入中国的数量就达10 000种以上，在流入的外来植物中位居第一（刘冰等，2015）。近年来，随着土地利用方式的改变以及全球气候变化，外来植物的归化速率显著提升（Waller et al., 2016; Cabra-Rivas et al., 2016）。虽然2000年至今的20年间仅增加了23种，但在全国范围内已有超过60种外来植物在中国归化或入侵，这些物种扩散至华东地区只是时间问题。

对外来种的引入地和引入途径的了解是早期发现和快速响应的必要基础，对于预防外来种建立种群具有重要意义（Capellini et al., 2015）。从引入地来看，华东和华南沿海地区是外来植物引入的热点地区，高达231种，占总种数的77.5%，其中首次引入台湾的最多，其次为广东和香港，再次为华东沿海各省市，说明华东地区的归化植物与华南地区联系更加紧密。自台湾引入的归化植物通常经福建进入华

东，自华南地区引入的则大多扩散至长江以南地区，只有极少数扩散至更北的区域（如银胶菊 *Parthenium hysterophorus* 已扩散至山东）。其首次引入地受到多方面因素的影响，包括国际交流、人口密度、气候相似度、受干扰程度、物种生物学特征以及各地的调查程度，这些变量的综合影响称为"引入压力"，对各地的首次引入物种数具有决定性影响（Huang et al., 2012）。由表3可知，16世纪之前多为自陆路引入，且以西北地区为主，自广东引入的2种则均原产于南亚至东南亚地区，分别是凤仙花（*Impatiens balsamina*）和落葵（*Basella alba*）。16世纪之后则大部分自沿海地区引入，以台湾、香港和广东为主，这可能与其长期的殖民历史和作为通商口岸长期对外开放有关。改革开放以后，自福建、浙江、江苏等地引入的植物明显增多，说明我国正全方位地受到外来植物的影响，其中华东和华南沿海地区所遭受的压力最大。

表3 归化植物在不同历史时期的首次引入地及引入物种数

Table 3 First detected locations and No. of naturalized plants in different historical period

历史时期 Historical period	首次引入地及引入物种数（前5名）（地点/种数） First detection locations & No. of species (Top 5) (location/No.)				
公元前 B.C.	新疆 Xinjiang /2	陕西 Shanxi /1	—	—	—
0—1491	新疆 Xinjiang /4	广东 Guangdong /2	陕西 Shanxi /2	西藏 Xizang /1	不详 Unknow /1
1492—1839	台湾 Taiwan /5	广东 Guangdong /4	不详 Unknow /4	福建 Fujian /3	浙江 Zhejiang /3
1840—1948	台湾 Taiwan /38	香港 Hong Kong /30	广东 Guangdong /23	江苏 Jiangsu /10	福建 Fujian /9
1949—1977	台湾 Taiwan /9	广东 Guangdong /4	江苏 Jiangsu /4	海南 Hainan /3	北京 Beijing /3
1978—1999	台湾 Taiwan /12	福建 Fujian /4	江苏 Jiangsu /4	北京 Beijing /3	山东 Shandong /3
2000—2020	台湾 Taiwan /8	浙江 Zhejiang /4	安徽 Anhui /1	广东 Guangdong /1	江苏 Jiangsu /1

对其引入途径进行分析可知，有意引入的比例高于无意带入，而有意引入的物种中以观赏植物为目的引入的最多，其次为饲料牧草、绿肥植物、药用植物及食用植物等。这些与人类的关联度更强，易伴人传播，更易适应干扰严重的生境。由表4可知，随着时间的推移，无意带入的比例总体上呈上升趋势，而有意引入的比例则明显降低。2000—2020年引入的23种归化植物中就有19种是无意带入的，而1978年以前则以有意引入为主，这有其历史原因，早期一方面鼓励引进具有重要价值的植物，另一方面对引入的物种缺乏规范的管理，导致引入物种逃逸而至归化甚至造成入侵，近年来在加大引种数量的同时也加强了对引进物种的管理，因此由引种而导致的归化种类不多。当然，也有可能是时间还不够长，假以时日这些近年引入的物种也可能成为归化种。

表4 归化植物在不同历史时期的引入途径分析

Table 4 Introduction of naturalized plants in different historical period

历史时期 Historical period	引入途径 Introduction			
	无意带入 Unintentional		有意引入 Intentional	
	种数 No. of species	比例 Proportion (%)	种数 No. of species	比例 Proportion (%)
公元前 B.C.	2	66.7	1	33.3
0—1491	5	45.5	6	54.5
1492—1839	7	28	18	72
1840—1948	70	42.9	93	57.1
1949—1977	14	40	21	60
1978—1999	24	63.2	14	36.8
2000—2020	19	82.6	4	17.4

值得注意的是，近年来因无意带入而导致归化的种类明显增加，这提示我们需要对此特别关注，尤其是在国际粮食贸易、货物运输、人员流动等方面需加强检验检疫的力度。此外，全球矿石的国际贸易已经成为新世纪外来植物进入的重要途径，有学者于2010—2016年在中国22个港口城市的75个矿石堆上监测到407种外来植物，其中大多数来自印度，而我国长江流域和北部湾至四川盆地是外来植物进入的高风险区域，因此在矿石贸易过程中也应加强监督与管理（Yu et al., 2020）。

4.3　空间分布格局及其影响因子

华东地区归化植物的数量分布总体上呈现由南往北逐渐减少的趋势，其中福建省最多，且明显高于其他省（直辖市），上海市最少，但其物种密度最高；仅在1个省（直辖市）有分布的归化植物有77种。产生这种分布格局的原因有以下两点：（1）从地理与气候条件看，长江以南地区地理条件复杂，气候的区域差异较大，生境异质性高，适宜不同来源的多种植物定殖，往北则多为平原，气候较为单一，因此归化植物种类相对较少。以福建省为例，不仅归化植物总种数最多（238种），仅分布于此的种数也最多（54种），其中原产于热带美洲的有27种，原产于热带非洲的有12种（见附录）。这是由于闽东南沿海地区属南亚热带气候，受气候条件限制，这些热带起源的物种在华东地区的分布仅限于此；而仅分布于山东的13种归化植物均原产于北半球温带地区，其中8种原产于北美洲（见附录）。这说明气候相似性原则对归化植物的分布有着重要的影响。对中国外来入侵生物的研究表明，作为气候重要组成要素的降水是决定其空间分布格局的主要自然环境因子（王国欢等，2017）。（2）从对外交流程度来看，福建省地处东南沿海，自古以来就与海外交流频繁，为外来植物的持续进入提供了便利，其他沿海地区早期的对外交流则相对有限，直至近现代才陆续开放。外来植物从进入到归化需要一定的时间，这就导致了福建省的归化植物种数明显高于其他地区，但在可预见的未来，华东沿海地区的归化植物会有明显的增长。

从华东的情况来看，若以省（直辖市）为单元，经济发展程度与归化植物种数之间并没有直接的关联，归化植物种数与地区生产总值（GDP）之间并不总是呈现出正相关的关系，这可能跟研究范围的尺度有关。但在讨论某因素（如GDP、交通、人口密度等）对归化植物多样性所产生的影响时，也需要考虑到影响因子本身的问题，比如与归化植物直接相关的口岸、港口、对外交流程度等因素对GDP的贡献率。一般而言，GDP高的地区其园林规划和绿地建设均相对较频繁，城市的园艺水平亦较高，因此引进的植物种类较多，植物的引种所带来的外来植物归化和入侵的风险亦较大，所以若以GDP作为影响因子来分析其与归化植物多样性的相关性，最合适的尺度可能是城市，而不是省（自治区）。

此外，某一地域实际存在的归化植物种数的统计受到多方面因素的影响，主要包括对物种鉴定的准确度、物种拉丁学名使用的正确率（如同物异名现象）、原产地考证的正确性（如将国产种误当作外来种）、植物分类学观点的不同、不同区域调查程度的不同等，此外还涉及对归化和栽培之间的界限模糊的问题，常常误将仅处于栽培状态的物种当作归化植物对待，如池杉（*Taxodium ascendens*）、美人蕉（*Canna indica*）之类。因此在归化种甚至是外来种的认知及评估方面需要更加全面而深入的研究，包括严谨的分类学研究、原产地考证等（严靖等，2017），以使研究区域内归化植物的种数更加客观，研究结论更加真实可靠。

4.4　归化与入侵

外来入侵植物是归化植物的子集，归化是入侵的前期阶段，归化植物有造成入侵的潜在风险。根据《中国外来入侵植物名录》（马金双和李惠茹，2018），华东地区归化植物（298种）中有186种中国外来入侵植物。在世界自然保护联盟（IUCN）公布的《外来物种入侵导致灾难性后果》报告中列出了100种入侵性最强的外来生物物种（其中被子植物35种）（Lowe et al., 2000; Courchamp, 2013），华东地区有9种；

在国家环境保护总局、环境保护部和中国科学院发布的对中国生物多样性和生态环境造成严重危害和巨大经济损失的 40 种入侵植物中（环境保护总局等，2003；环境保护部等，2010，2014，2017），华东地区就有 35 种（见附录），这些物种大部分都在华东地区造成了入侵危害。

随着长三角一体化宏伟目标的确立，华东地区作为我国对外交流的重要区域，在防范外来植物入侵方面面临着双重压力。一是外来植物的输入压力。胡长松等（2016）在江苏省的进口粮食码头、加工厂、储备库、运输沿线等区域就曾发现外来植物 142 种，其中中国新记录种就有 21 种。由此可知，随着国际交流和贸易的进一步深入，外来物种的无意输入将会是一种常态。二是外来植物归化并造成入侵危害的压力。华东地区归化植物中被列入中国外来入侵植物的种类占 62.6%，除此之外，归化植物经过一段时间的环境适应性进化，大多数都具有潜在的入侵风险，若任其发展，将对当地的生态系统、生物多样性和农林业生产造成严重破坏。李振宇（2003）1985 年发现于北京的长芒苋（*Amaranthus palmeri*）就已经在京津冀地区造成了严重的入侵危害，且其种子常见于各大口岸的进口粮食中，华东地区为其适生区（徐晗等，2013），因此须特别关注该种的动态。此外还须重点监控那些尚未造成入侵但已有扩散蔓延趋势的归化植物，如北美刺龙葵（*Solanum carolinense*）、蒜芥茄（*Solanum sisymbriifolium*）等。

因此，为了更好地对外来种进行管理，避免其造成入侵危害，除了加强入境检疫、规范引种栽培和注重科普宣传之外，还应该关注两方面的工作：（1）通过严谨的研究和考证建立详细且准确的中国归化植物数据库，同时加大对口岸或港口的外来植物监测力度；（2）基于准确完整的归化植物数据库，构建一套行之有效的外来植物风险评估体系，这是开展外来物种风险管理的基础，也是预防外来物种入侵的有效手段之一。

①～③：刺苍耳
④：蓟罂粟

①②：蓟罂粟
③~⑥：假苍耳

①②：琉璃繁缕
③④：扭花车轴草
⑤⑥：欧洲千里光

①~③：槭叶小牵牛

①~③：苘麻

①~③：霜毛婆罗门参

①~③：水蕴草

①②：野西瓜苗
③~⑤：皱子白花菜

①②：弯喙苣

①②：小花庭菖蒲

>>>>>>>>> 各 论

	状态
中国	入侵
华东	入侵

满江红科 Azollaceae

细叶满江红　　细绿萍、蕨状满江红、细满江红　　满江红属 *Azolla*

Azolla filiculoides Lamarck

　　多年生水生漂浮植物。常生于流速缓慢的溪流、江河或池塘、水田等浅水区域①。植株密集生长②。根状茎横走、斜升或近直立。羽状分枝，分枝出自叶腋之外③。自分枝向下生出须根④，伸向水中。叶无柄，互生，形如芝麻，覆瓦状排列，秋后变为紫红色⑤，可固氮。大孢子果橄榄形，内含 1 个大孢子囊，囊外有 3 个浮膘。大孢子于春季和夏季产生，能越冬，可以在极端干燥的条件下存活。

　　原产于美国和加拿大西部的落基山脉各州，以及中美洲至南美洲北部的大部分区域。作为绿肥和饲料于 1977 年由中国科学院植物研究所从德国引入北京，同年由当时的广东省农业科学院土壤肥料研究所和温州地区农业科学研究所从中国科学院植物研究所引种试验，之后随着各农业院所的引种在国内迅速传播。如今几乎遍布全国各地水田、池塘等静水水体。

　　相似种：满江红（*Azolla pinnata* subsp. *asiatica* R.M.K. Saunders & K. Fowler）　植株形状近三角形⑥，根状茎横走，不斜升或直立；二歧状分枝，分枝出自叶腋外而不是叶腋；大孢子囊外具 9 个浮膘。

槐叶蘋科 **Salviniaceae**

	状态
中国	归化
华东	偶有逸生

速生槐叶蘋　人厌槐叶蘋、蜈蚣蘋、山椒藻　槐叶蘋属 *Salvinia*

Salvinia molesta D. S. Mitchell

多年生水生漂浮植物。常生于静水或流动缓慢的水域①。叶在根状茎上三片轮生，浮水叶幼时平展于水面，当植株不断成长则种群逐渐拥挤②。成熟植株的叶片较大且两侧会上举而呈褶合状③。叶片上表皮密被多细胞具总柄的毛，毛上端有 3~4 分叉，此分叉于顶端愈合，呈笼状结构，形似"打蛋器"④。孢子果不能产生可育孢子，只能进行营养繁殖。

原产于巴西南部，作为水族箱造景植物被引种至世界各地区。作为水生观赏植物自东南亚地区引进台湾，引进时间不详，中国最早的标本记录是 1996 年采自台湾台中县的标本。该种被 IUCN 列为"世界上最严重的 100 种外来入侵物种"之一，目前在中国仅分布于福建（厦门）、广东（深圳）、海南、台湾和香港地区，见于各地花卉市场、植物园与水族馆中。海南、香港的居群可能也是由于人为引种而逃逸所致。

相似种：槐叶蘋 [*Salvinia natans* (Linnaeus) Allioni]　叶片较小且平展不卷曲⑤，浮水叶表面有瘤状突起，毛被上端 3~4 分叉，但其末端朝外不愈合⑥。孢子可育，能以孢子繁殖。

莼菜科 **Cabombaceae**

	状态
中国	入侵
华东	入侵

水盾草　竹节水松　**水盾草属 *Cabomba***

Cabomba caroliniana A. Gray

　　多年生水生草本。常生于流速缓慢或静止的水体中①。基部茎近光滑，向上具锈色毛。沉水叶对生，3～4回掌状细裂，末回裂片线状②；花期具少数浮水叶，互生于花枝顶端，盾状着生，全缘③。花萼与花瓣颜色、大小基本一致④，花瓣白色，基部具一对黄色腺体⑤。花果期夏季至秋季。

　　原产于美国东北部和东南部的温带、亚热带地区，作为水族馆植物被广泛引种，在澳大利亚、日本和美国部分州已经造成了入侵。该种在中国也是作为水族馆观赏水草引入，1993年首次发现于浙江宁波的自然水体中，并在平缓水体中定居，继而通过断枝漂移扩散，于2016年被列入中国自然生态系统外来入侵物种名单（第四批）。如今在华东地区的自然水体中常有发现。

胡椒科 **Piperaceae**

	状态
中国	入侵
华东	入侵

草胡椒　透明草、豆瓣绿、软骨草　**草胡椒属** *Peperomia*

Peperomia pellucida (Linnaeus) Kunth

　　一年生肉质草本，茎直立或基部有时平卧。常见于阴湿处、花盆或苗圃内①。叶膜质，半透明，阔卵形或卵状三角形，基部心形②。穗状花序顶生或与叶对生，淡绿色，细弱，花疏生③。花极小，两性，无花被④，雄蕊 2 枚，柱头顶生，被短柔毛。浆果球形，顶端尖，极小⑤。花果期 4 ~ 8 月。

　　原产于热带美洲地区，广泛归化于世界热带、亚热带地区。1893 年在香港太平山有标本记录，可能在 19 世纪末人为引种或随苗木交易进入香港，20 世纪初在香港即已多有分布，为常见的花园杂草。华东各地的花卉市场和苗圃等地均常见，并于江西南部、浙江南部和福建等地造成入侵。

天南星科 **Araceae**

	状态
中国	入侵
华东	入侵

大藻 大萍、水白菜、猪姆莲、水浮萍、水荷莲、肥猪草 **大藻属** *Pistia*

Pistia stratiotes Linnaeus

多年生水生漂浮草本。常生于流速缓慢的淡水环境①。茎缩短，密集悬浮于水面②。具匍匐枝，叶簇生呈莲座状，叶片常因发育阶段不同而形异③，先端截头状或浑圆，7~15 条叶脉扇状伸展，背面明显隆起成褶皱状④。佛焰苞白色，雄花 2~8 朵生于上部⑤，雌花 1 朵生于下部，花柱纤细⑥。花果期 5~11 月。

原产于南美洲的巴西、玻利维亚和巴拉圭的潘塔纳尔地区，广泛分布于世界热带与亚热带地区。可能于 20 世纪初作为观赏植物从广东沿海引入，也有学者认为在 1901 年作为观赏花卉从日本引进台湾，存在多次引入的可能。20 世纪 50 年代，该种作为猪饲料在一定范围内推广，之后大量逸生。华东地区广布，破坏水体环境，降低沉水植物多样性，于 2010 年被列入中国第二批外来入侵物种名单。

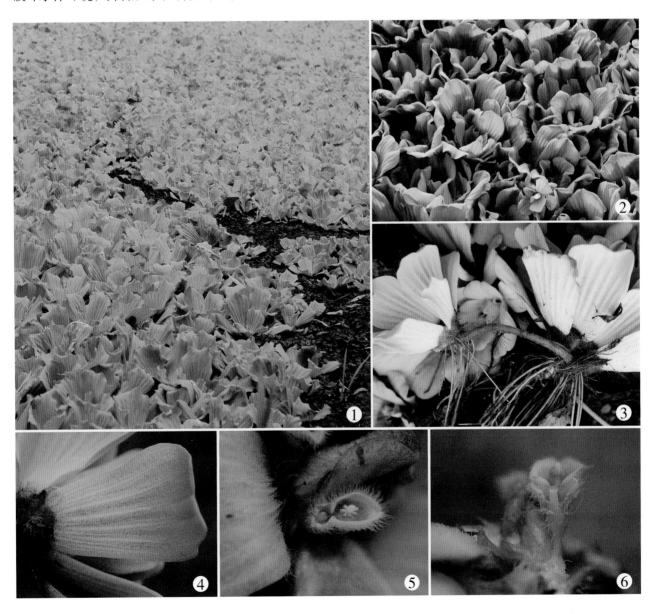

	状态
中国	入侵
华东	入侵

水鳖科 Hydrocharitaceae

伊乐藻　伊乐藻属 *Elodea*

Elodea nuttallii (Planchon) H. St. John

　　多年生沉水草本。常生于湖泊、水塘、沟渠等流动缓慢的淡水生境①。叶膜质，无柄，常 3 枚轮生，或 2 叶对生②，线形或披针形，常下弯③，全缘或具小齿④。雄佛焰苞近球形或卵形，花冠细小；雌佛焰苞线形，花冠细小，柱头流苏状。种子纺锤形，基部被长毛。花果期 7~10 月。

　　原产于北美洲的温带地区，分布于欧洲和东亚。1986 年由中国科学院南京地理与湖泊研究所从日本将伊乐藻的雄株引种到东太湖种植，作为水产养殖的饲料在各地引种传播，也作为水族馆观赏植物被引种栽培，在全国各地的花卉市场、花鸟虫鱼市场等处均有出售。2015 年首次在浙江临安（现为杭州市临安区）采到逸生植株，2016 年发现于湖北襄阳。在华东地区分布于浙江杭州和宁波、江苏省太湖东部，具有很强的入侵性，影响水体环境。

　　相似种：水蕴草（*Elodea densa* Planchon Caspary）　叶在茎上轮状排列，近基部的叶片对生或 3 枚轮生⑤，中、上部的叶片 4~8 枚轮生，边缘具细锯齿⑥。原产于南美洲，于 20 世纪 30 年代被引入台湾，在华南地区的水域归化⑦，华东地区已有分布，多见于人工控制的水池中，尚未见归化种群，但需对该种提高警惕。

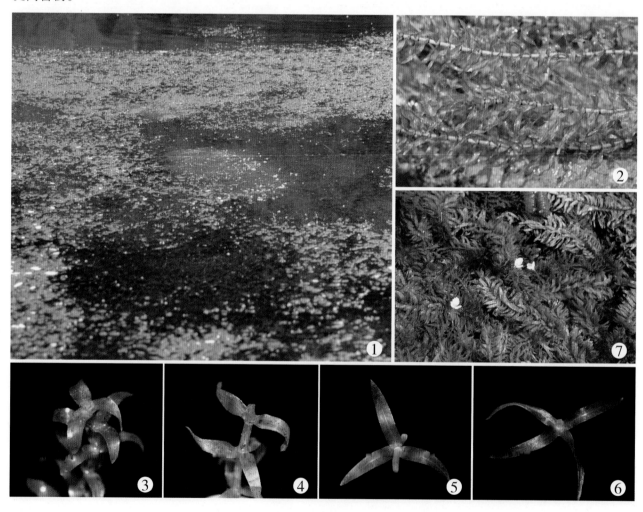

鸢尾科 **Iridaceae**

	状态
中国	入侵
华东	入侵

黄菖蒲　黄鸢尾、黄花鸢尾、水烛、水生鸢尾　鸢尾属 *Iris*

Iris pseudacorus Linnaeus

　　多年生草本。常生于河湖沿岸或池塘、沟渠等处①。基生叶灰绿色，宽剑形，基部鞘状②，中脉较明显。花茎粗壮，有明显的纵棱，上部分枝③。花黄色，较大，外轮花被裂片卵圆形或倒卵形，有黑褐色的条纹，内轮花被裂片较小，倒披针形④。蒴果圆柱形，成熟时 3 瓣裂⑤。花期 5～7 月，果期 7～9 月。

　　原产于非洲北部、欧洲至西亚，作为水生观赏植物被广泛引种栽培，目前在亚洲东部、非洲南部、北美洲和新西兰均有分布。1959 年出版的《南京中山植物园栽培植物名录》中收录了该种，可能是作为观赏花卉于 20 世纪 50 年代引入南京栽培，之后台湾省林业试验所又于 1972—1973 年分别从德国和意大利将该种引入台湾。华东地区常见，在各地的水生生境中均有野生种群，以长江流域及其以南地区最为多见。

石蒜科 **Amaryllidaceae**

	状态
中国	归化
华东	偶有逸生

葱莲 玉帘、葱兰 葱莲属 *Zephyranthes*

Zephyranthes candida (Lindley) Herbert

多年生草本。常生于路边荒地或公园绿地①。鳞茎卵形，有明显的颈部。叶狭线形，肥厚，外形似葱②。花茎中空，花单生，白色，外面常带淡红色③。花被片6枚，雄蕊6枚，长约为花被片的一半④，花柱细长。蒴果近球形，3室⑤，成熟时3瓣裂。花果期秋季。

原产于南美洲，作为观赏植物在世界温暖地区被广泛引种栽培。《植物学大辞典》（1918年版）称其为"玉帘"，1956年出版的《广州植物志》有记载，作为观赏花卉引入栽培。最晚于20世纪50年代引入中国华南地区，如今南北各地园圃与绿化带均有种植，华东地区亦非常普遍，偶有逸生。

韭莲 风雨花、韭兰 葱莲属 *Zephyranthes*

Zephyranthes carinata Herbert

	状态
中国	归化
华东	偶有逸生

　　多年生草本。常生于路边荒地或公园绿地①。鳞茎卵球形。叶片线形，扁平，形似韭菜叶②。花单生于花茎顶端，总苞片常带淡紫红色，下部合生成管。花玫瑰红色或粉红色，漏斗状③，干后常为青紫色，花被裂片 6，雄蕊 6 枚，长为花被片的 2/3 ~ 4/5 ④。蒴果近球形，成熟时背部 3 裂。花期 4 ~ 9 月，果实 9 ~ 10 月成熟。

　　原产于墨西哥至危地马拉，因其花大且色泽艳丽，世界各地区均有引种栽培。1908 年作为观赏花卉引入台湾栽培，之后又引入厦门。1920 年出版的《植物名汇拾遗》记载了该种，其中文名记载为"葱兰"，夏纬英先生称其为菖蒲莲，常见于南北各省区花园苗圃中，在云南有时入侵农田。华东地区亦常见栽培，偶有逸生。

	状态
中国	入侵
华东	归化

龙舌兰 龙舌掌、番麻 龙舌兰属 *Agave*

Agave americana Linnaeus

　　多年生大型草本，茎短。常见于近海岛屿、路边荒地或山坡草丛①。叶大型，肥厚肉质，呈莲座式排列②，叶缘具有疏刺，顶端有一硬尖刺③。圆锥花序大型，长可达 6 ~ 12 m，多分枝④，花淡黄绿色，花被裂片 6，雄蕊 6 枚。蒴果长圆形，成熟时 3 瓣裂⑤，具多数种子，扁平，黑色。花期 6 ~ 8 月，果期 8 ~ 11 月。

　　原产于北美洲，包括美国南部至墨西哥中部，作为观赏植物在世界范围内被广泛引种栽培并归化。1645 年间由荷兰人引入中国台湾栽培，可能在近代传入厦门，中国华南及西南各省区常有引种栽培，在云南已逸生多年，多分布于干热河谷地带，有时入侵森林生态系统。在华东地区则仅归化于福建沿海地区。

凤尾丝兰 美国菠萝花、厚叶丝兰、凤尾兰 丝兰属 *Yucca*

Yucca gloriosa Linnaeus

	状态
中国	归化
华东	归化

　　常绿灌木。常见于路边荒地或岩石海岸①。茎粗壮木质②，未开花时实心，开花后空心。叶片如剑，顶端尖硬，边缘光滑或老时有少数白丝③。圆锥花序高大，自枝顶叶腋处抽出④。花杯状，下垂，自下而上次第开放，花被片乳白色，肉质⑤。蒴果椭圆状卵形，下垂，不开裂。花果期 5~9 月。

　　原产于北美洲东部及东南部，世界各地广泛栽培。1901 年日本植物学家田代安定（Y. Tashiro）将该种从日本引入中国台湾作观赏植物，之后在福建和安徽等地也有引种。如今中国南北各地多有栽培，长江流域及其以南地区偶有逸生，在华东地区则归化于浙江和福建沿海地带。

鸭跖草科 **Commelinaceae**

	状态
中国	入侵
华东	归化

洋竹草 铺地锦竹草 洋竹草属 *Callisia*

Callisia repens (Jacquin) Linnaeus

　　多年生草本。常见于潮湿阴凉的环境①。茎肉质柔软，常为紫红色，蔓生，多分枝，在节处生根②。叶对生，基部鞘状，叶片卵形，薄肉质，翠绿色，有时具白色条纹③，背面常淡紫色④。花序具 2 朵花或单花，花瓣白色，雄蕊 3 枚，花丝长，有羽状柔毛。蒴果椭圆形。花果期夏季至秋季。

　　原产于热带美洲，包括西印度群岛至阿根廷的广大区域，在世界热带、亚热带地区作为观赏植物被广泛栽培。约 20 世纪 70 年代，洋竹草在台湾作为观赏植物引种栽培，在香港和广州亦有栽培记录，约 20 世纪末有逸生并形成稳定种群。华东各地温室多有栽培⑤，归化于福建南部地区。

白花紫露草　白花紫鸭跖草、巴西水竹草　紫万年青属 *Tradescantia*

Tradescantia fluminensis Vellozo

	状态
中国	入侵
华东	入侵

　　多年生草本。见于潮湿荫蔽的生境①。茎匍匐或略上升，节略膨大②，节处易生根。叶互生，长圆形或卵状长圆形，先端尖③，下面深紫堇色。复聚伞花序，花小④，花瓣白色，雄蕊6枚，花丝白色，基部密被白色的胡须状柔毛⑤。蒴果具3室，每室具1或2粒种子。花果期夏季至秋季。

　　原产于巴西至阿根廷的热带雨林地区，作为观赏植物被广泛引种栽培。可能于20世纪中期作为观赏植物引入中国台湾栽培，随后引入华南地区，也有多次自不同地点引入的可能，在长江流域及其以南地区和北方的温室中常见栽培。华东地区常见栽培，分布于江西与福建的中南部地区，在林下或林缘、灌木丛以及公园草坪等处形成大面积覆盖，影响生物多样性和园林景观效果。

紫竹梅　紫鸭跖草、紫锦草　**紫万年青属** *Tradescantia*

	状态
中　国	归化
华　东	归化

Tradescantia pallida (J. N. Rose) D. R. Hunt

　　多年生草本。见于路边草地或房前屋后①。茎下部匍匐，上部斜升，全体紫色②。叶长圆形至披针形，略有卷曲，紫红色，被细绒毛。聚伞花序缩短，花近无梗，生于总苞片内③，花瓣 3 枚，粉红色或玫瑰紫色④，雄蕊 6 枚，花丝具念珠状毛⑤。极少结果。花期 6 ~ 11 月。

　　原产于墨西哥，作为观赏植物被广泛引种栽培，归化于世界热带与亚热带地区。20 世纪 50 年代作为观赏植物引入我国华南地区，1959 年出版的《广西中药志》记载了该种，如今南北各地常见露地栽培或盆栽。华东地区亦常见栽培，并归化于各地。

吊竹梅 竹草、紫背鸭跖草、红竹壳菜 **紫万年青属** *Tradescantia*

Tradescantia zebrina Bosse

	状态
中国	入侵
华东	归化

　　多年生草本。常见于路边荒地、草丛或园林绿地①。茎匍匐，多分枝，具淡紫色斑纹②，节处常生根。叶卵形、椭圆状卵形至长圆形，无柄，叶鞘被疏长毛，腹面紫色或绿色而杂以银白色条纹③，背面紫红色④。聚伞花序花较少，花瓣玫瑰色，雄蕊6枚⑤。蒴果球形。花果期秋季至冬季。

　　原产于墨西哥至巴拿马，作为观赏植物被广泛栽培于世界各地。于1909年作为观赏植物从日本引入中国台湾普遍栽培，全省山麓地区均可见驯化野生，不久之后广东、福建等地也有栽培。如今中国南北各地常见露地栽培或盆栽，华东地区亦多有种植，并归化于福建南部地区。

雨久花科 **Pontederiaceae**

	状态
中国	入侵
华东	入侵

凤眼蓝 凤眼莲、水浮莲、水葫芦、布袋莲   凤眼蓝属 *Eichhornia*

Eichhornia crassipes (Martius) Solms

多年生浮水草本。常生于流速缓慢的淡水中①。须根发达，棕黑色②。叶在基部丛生，圆形，叶柄中部常膨大成葫芦状的气囊③，基部有鞘状苞片④。穗状花序⑤，花被裂片紫蓝色，上方1枚裂片具一黄色圆斑，形如"凤眼"⑥。蒴果卵形，但极少结果。花果期6~10月，通过匍匐枝与母株分离的方式快速繁殖扩散。

原产于巴西亚马孙河流域，广泛分布于世界热带、亚热带和温带的淡水水域。1901年左右作为水生花卉从日本东京引至中国台湾，可能在同一时间中国香港也有引种，之后在台湾、广东、广西均有野生种群发现。20世纪50年代作为饲料在各地推广，随后在长江流域及其以南地区蔓延扩散，导致严重的农业和生态问题。凤眼蓝被认为是最具入侵潜力的恶性水生杂草，被列入"世界上最严重的100种外来入侵物种"，于2003年被列入中国第一批外来入侵物种名单，广泛分布于华东地区各处淡水水域。

竹芋科 **Marantaceae**

	状态
中国	入侵
华东	归化

再力花 水竹芋、水莲蕉、白粉塔利亚、水美人蕉 **水竹芋属** *Thalia*

Thalia dealbata **Fraser**

　　多年生挺水草本。常生于湖泊、河流、沼泽等缓流和静水水域①。叶基生，硬纸质，卵状披针形至长椭圆形，长 20～50 cm ②。复穗状花序，生于叶鞘内抽出的总花梗顶端③。萼片紫色，侧生退化雄蕊呈花瓣状，基部白色至淡紫色，先端及边缘暗紫色，花冠筒短柱状，淡紫色，唇瓣兜形，紫色④。果皮浅绿色，成熟时顶端开裂；成熟种子棕褐色，表面粗糙⑤，具假种皮。花果期长，春季至秋季均可开花，果期为夏季至秋季。

　　原产于美国南部和中部至墨西哥，为北美洲特有种，作为水生观赏植物被广泛引种栽培，归化于东亚、东南亚、大洋洲和非洲南部。再力花作为夏花类水生观赏植物于 1992 年首次从日本引入江苏南京，根据引种地的生长环境，首先将它种于溪边，生长良好。华东各地多有栽培并归化于各地的淡水水域。

	状态
中国	入侵
华东	归化

风车草 伞草、伞叶莎草、轮伞形、车轮草、莎草　　**莎草属 *Cyperus***

Cyperus involucratus Rottbøll

　　多年生草本。常生于湿地、湖边及河流沿岸①。秆稍粗壮，钝三棱形。总苞片叶状，14～20枚，近等长，呈螺旋状排列在茎秆的顶部，向四面开展如伞状②。聚伞花序具多个辐射枝③，小穗压扁，鳞片呈紧密的覆瓦状排列④，雄蕊3枚，花药线形⑤。花果期5～12月。

　　原产于非洲东部和亚洲西南部（阿拉伯半岛），作为观赏植物被广泛栽培，归化于世界热带和亚热带地区。1901年日本植物学家田代安定将该种作为观赏植物从日本引入中国台湾种植，直到2000年才确认该种在台湾归化，不久后华南地区也有栽培，并逐渐归化。华东地区多有栽培，归化于江西省南部和福建省南部。

断节莎 莎草属 *Cyperus*

Cyperus odoratus Linnaeus

	状态
中国	归化
华东	归化

　　一年生或短期多年生植物。常生于河岸湖边或水田边①。秆粗壮，三棱形。叶状苞片6~8枚，开展②。聚伞花序大，疏展，复出或多次复出，具7~12个一级辐射枝③；穗状花序长圆状圆筒形，小穗轴具或多或少的关节④，小穗稍稀疏排列，平展，或向下反折，线形⑤。花果期8~10月。

　　原产于美洲，广泛归化于世界热带至暖温带地区。20世纪20年代在福建福州和厦门以及台湾有分布，可能自东南亚无意带入，随后在华东地区归化，2012年在海南也有分布记录。在华东地区分布于安徽（安庆）、福建、江苏南部、山东（济南）、上海和浙江北部。

苏里南莎草　刺秆莎草　莎草属 *Cyperus*

Cyperus surinamensis Rottbøll

	状态
中国	入侵
华东	归化

一年生或多年生草本。常生于干扰生境及浅水处①。秆丛生，深绿色，三棱形，微糙，具倒刺②。叶状苞片 3 ~ 8 枚，水平至斜升 30° 角，平或"V"形③。球形头状花序，一级辐射枝 4 ~ 12 个，小穗状花序 15 ~ 40 个④，卵形或披针状卵形，紧缩，淡红褐色、浅棕色或浅黄色⑤。花果期 5 ~ 9 月。

原产于美洲热带至暖温带地区，广泛分布于美国南部、墨西哥、西印度群岛至阿根廷，归化于印度、印度尼西亚和中国南部。可能于 21 世纪前后无意带入，首次传入地为台湾，并于台湾北部地区归化，随后在中国华南地区亦有归化。在华东地区归化于江西省赣州市和福建省南部。

1 mm

水蜈蚣 多叶水蜈蚣、香根水蜈蚣 水蜈蚣属 *Kyllinga*

***Kyllinga polyphylla* Willdenow ex Kunth**

	状态
中国	入侵
华东	归化

多年生草本。常生于阳光充足的潮湿生境①。根状茎匍匐，粗而长，节间短，被棕色或紫色鳞片②。叶状苞片 5~8 枚，平展或略有反折③。穗状花序单个，极少 2 或 3 个，半球形至近球形，具有极多数密生的小穗④⑤。花果期 7~10 月。

原产于热带非洲、印度洋群岛、马达加斯加，归化于热带美洲、亚洲、澳大利亚和太平洋岛屿。该种最初被收录于 2000 年出版的《台湾水生植物①》一书中，于 2008 年首次报道在台湾北部归化，应为无意带入，随后在长江流域及其以南部分地区归化。在华东地区仅分布于福建。

相似种：短叶水蜈蚣（*Kyllinga brevifolia* Rottbøll） 植株较矮，根状茎细，叶状苞片 3~4 枚⑥。该种为国产种，广泛分布于中国南北各地。

禾本科 **Poaceae(Gramineae)**

	状态
中国	入侵
华东	入侵

节节麦　山羊草、粗山羊草　**山羊草属** *Aegilops*

Aegilops tauschii Cosson

　　一年生或越年生草本。见于草原或小麦田中①。叶鞘紧密包茎。穗状花序圆柱形②③，成熟时逐节脱落，小穗圆柱形；小穗具 2 颖，颖革质，顶端截平或有微齿；外稃披针形，顶端具长约 2 cm 的芒④。颖果暗黄褐色，背腹压扁，表面乌暗无光泽，先端具密毛。花果期 5 ~ 6 月。

　　原产于欧洲东部克里米亚半岛至南亚的印度和巴基斯坦这一广大区域。节节麦存在着野生天然种群和杂草类型种群，前者原生于新疆伊犁地区海拔 600 ~ 1450 m 的草原上，是世界节节麦基因库遗传变异的一部分；后者仅以杂草形式存在于小麦主产区的田间或沟渠旁，可能来源于节节麦的多样性中心伊朗，而后作为伴生杂草随着栽培普通小麦的东传，通过丝绸之路进入中国古代的腹地中原地区，随后扩散，为麦田恶性杂草，是很多国家和地区的检疫对象。在华东地区分布于安徽北部、江苏北部和山东。

弗吉尼亚须芒草　须芒草属 *Andropogon*

Andropogon virginicus Linnaeus

	状态
中国	归化
华东	归化

　　多年生草本。生于疏林下或撂荒地①。秆丛生，直立，基部略扁②。狭窄的圆锥状花序具多次分枝，分枝长短悬殊，其内产生 2（~3）枚总状花序和 1 枚次级分枝，每次分枝均被佛焰苞包住③。总状花序着生 8~12 枚小穗，小穗孪生④，有柄小穗退化成芒状，中上部密生纤毛，无柄小穗狭披针形，第二花的外稃顶端具长芒⑤。花果期 9~11 月。

　　原产于美国东南部和中美洲，澳大利亚、新西兰、日本、韩国和夏威夷等地有归化。2019 年该种被报道为中国归化植物新记录种，据记载，其归化地所在的地块及周边从未人工种植过该种，通过机械及化肥进口的可能性有但不大，故尚不清楚是如何传入。目前仅见于浙江省宁海县，已建立稳定种群。

野燕麦　燕麦草、乌麦、香麦、铃铛麦　燕麦属 *Avena*

Avena fatua Linnaeus

	状态
中国	入侵
华东	入侵

一年生草本。常生于旷野空地、路边草丛和田间地头①。秆单生或丛生，直立或基部膝曲②。圆锥状花序呈金字塔状开展，分枝轮生；小穗长，含2～3朵小花，其柄弯曲下垂③；颖披针形，两颖近等长④。芒自第一外稃中部稍下处伸出，膝曲。颖果被淡棕色毛，腹面有纵沟⑤。花果期4～9月。

原产于欧洲、中亚及亚洲西南部，广泛分布于世界亚热带至寒带地区，是一种世界性的农田恶性杂草。野燕麦在中国的最早记载见于1861年出版的 *Flora Hongkongensis* 一书，记载其生长于香港的荒地。20世纪中期已经广泛分布于中国南北各省区，野燕麦在国内常常与小麦混生，可能作为小麦的伴生杂草随着栽培小麦从地中海地区向东传入中国，于2016年被列入中国自然生态系统外来入侵物种名单（第四批）。广泛分布于华东各省区。

相似种：燕麦（*Avena sativa* Linnaeus）　小穗含小花1～2朵，通常无芒⑥。该种为栽培起源，广泛栽培于南北各地。

地毯草　大叶油草、热带地毯草　地毯草属 *Axonopus*

Axonopus compressus (Swartz) P. Beauvois

	状态
中国	入侵
华东	归化

　　多年生草本。常生于山坡疏林、河滩地或公园绿地①。茎匍匐生长，叶鞘松弛，基部者相互覆盖②。叶扁平条形，质地柔软③。总状花序2~5枚，指状排列在主轴上，最上2枚成对而生④。小穗单生，长圆状披针形，疏生丝状柔毛⑤。花期4~6月，果期6~10月。

　　原产于美洲热带地区，包括美国中南部地区、墨西哥、中美洲和南美洲，现在被广泛引种和归化于世界热带与亚热带地区。作为草坪草于1940年引入台湾栽培，20世纪50年代作为热带牧草引入广州和海南，20世纪80年代至90年代开始应用于园林绿化，并逐渐归化于各地，进而侵入果园、林下以及自然生态系统。在华东地区则归化于福建省。

巴拉草 疏毛臂形草、无芒臂形草　臂形草属 *Brachiaria*

Brachiaria mutica (Forsskål) Stapf

	状态
中国	入侵
华东	入侵

　　多年生草本。常见于湿润的土壤环境①。秆粗壮，密被纤毛，叶鞘被疣毛，叶片扁平，疏被柔毛②，后脱落。圆锥状花序顶生，由 10～15 枚总状花序组成③；小穗椭圆形，常为绿色④，通常孪生，交互成两行排列于穗轴之一侧⑤。花果期 8～11 月。

　　原产于非洲西部和北部的热带地区，在早期的黑奴贸易中，经巴西进入美洲，因此巴西也曾被误认为是该种原产地之一，在世界热带和亚热带地区作为牧草被广泛引种栽培。20 世纪 40 年代巴拉草就已作为热带牧草引入台湾栽培，大陆地区最早由中国热带农业科学院于 1964 年引入海南，并逐渐侵入水利系统。在华东地区则仅分布于福建中南部地区。

扁穗雀麦　大扁雀麦　雀麦属 *Bromus*

Bromus catharticus Vahl

	状态
中国	入侵
华东	入侵

一年生或短期多年生草本。常生于路边荒地、沿海地带或田间地头①。秆直立丛生。叶鞘闭合，被柔毛，叶舌具缺刻②。圆锥花序疏松开展，小穗两侧急压扁，通常含 6~7 朵小花③；外稃长、具 11 脉，沿脉粗糙，顶端具芒尖④。颖果与内稃贴生。花果期 4~9 月。

原产于南美洲，在世界范围内作为短期牧草被广泛引种栽培，并在多地归化。该种作为牧草在中国多省区有引种栽培，早在 1923 年之前就已经传入东南沿海地区，20 世纪 40 年代末在江苏南京有种植，后传入其他省区栽培。华东各省区均有分布，曾在山东莱州的麦田大面积发生，危害农业生产。

野牛草　牛毛草、水牛草　野牛草属 *Buchloe*

Buchloe dactyloides (Nuttall) Engelmann

	状态
中国	归化
华东	偶有逸生

　　多年生草本。常生于路边草地或公园绿地①。植株低矮，雌雄异株②③。叶片线形，粗糙，叶舌短小④。雄花序有 2~3 枚总状排列的穗状花序，草黄色⑤；雌花序常呈头状，为上部稍膨大的叶鞘所包裹⑥，小穗含 1 朵小花。花果期夏季至秋季。

　　原产于美国与墨西哥，在美国作为良好的水土保持植物与饲料。1944 年当时的甘肃农业研究所引进了首批野牛草，1946 年又从美国引入该种，50 年代后期引入北京，80 年代初引进兰州，均作为草坪草种植，主要种植于北方地区。在华东地区则见于山东和江苏北部，偶有逸生。

蒺藜草　刺蒺藜草、野巴夫草　蒺藜草属 *Cenchrus*

Cenchrus echinatus Linnaeus

	状态
中 国	入侵
华 东	入侵

一年生草本。常生于路边荒地、耕地果园或园林绿地①。秆基部膝曲或横卧地面，节处生根。叶片线形或狭长披针形，叶鞘松弛，叶舌短小②。总状花序直立，刺苞呈稍扁的圆球形③；刺苞基部具大量刚毛状的刺，刺柔韧，顶端常向内反曲④。花果期夏季至秋季。

原产于美国南部，广泛分布于世界热带与亚热带地区。于 20 世纪 30 年代初传入中国，首次传入地为台湾，可能为随粮食运输无意带入，随后传入广州、香港，进而扩散至华南地区，危害农田和果园，于 2010 年被列入第二批中国外来入侵物种名单。华东地区分布于福建南部和浙江普陀百步沙。

相似种：长刺蒺藜草 [*Cenchrus longispinus* (Hackel) Fernald]　刺苞基部的刺虽也呈刚毛状，但其刺坚硬且较蒺藜草少，无典型的反向刺⑤。该种一直以来被错误鉴定为光梗蒺藜草（*Cenchrus incertus* M. A. Curtis），原产于北美洲，于 2014 年被列入中国外来入侵物种名单（第三批），主要分布于北京、河北和东北地区。

牧地狼尾草　多穗狼尾草、多枝狼尾草　蒺藜草属 *Cenchrus*

Cenchrus polystachios (Linnaeus) Morrone

	状态
中国	入侵
华东	归化

　　一年生或多年生草本。常生于路边荒地、园林绿地或种植园①。秆直立丛生。叶鞘疏松，有硬毛②。圆锥花序圆柱状，黄色或紫色③，成熟时小穗丛常反曲④⑤；小穗基部的刚毛不等长，外圈者较细短，内圈者有羽状绢毛。花果期夏季至秋季。

　　原产于热带非洲地区，由于该种存在着诸多变异，有学者认为多年生的类型（*Cenchrus setosum*）其原产地可能还包括南美洲，但狭义的牧地狼尾草（一年生）（*Cenchrus polystachios sensu stricto*）则仅原产于非洲，现广泛分布于世界热带地区，亚热带地区也有少量分布。作为牧草于 1960 年或之前引入台湾，随后在台湾地区归化。在华东地区归化于福建省南部。

象草 紫狼尾草 蒺藜草属 *Cenchrus*

Cenchrus purpureus (Schumacher) Morrone

	状态
中国	入侵
华东	入侵

多年生丛生大型草本。常生于河岸、路边荒地、种植园或林缘①。秆粗壮直立。叶鞘光滑或具疣毛，叶舌短小。圆锥花序圆柱状，粗壮直立或稍弯曲，刚毛金黄色、淡褐色或紫色②③，刚毛基部生柔毛而呈羽毛状；小穗通常单生，近无柄④。花果期 8 ~ 11 月。

原产于非洲，作为饲料作物被广泛引种至世界热带和亚热带地区。该种于 20 世纪 30 年代之前从印度、缅甸等地作为牧草引入广州种植，最迟于 20 世纪 40 年代初就已引入台湾栽培，随后逸生，之后中国南方各省以及北京、南京等地均有试种。此外，该种及其品种也常作为观赏植物栽培⑤。在华东地区分布于福建省南部，常入侵耕地和草原，有时可堵塞水道。

芒颖大麦草　芒麦草、芒颖大麦　大麦属 *Hordeum*

Hordeum jubatum Linnaeus

	状态
中国	入侵
华东	入侵

　　越年生草本。常生于路旁草地、公园绿地或田野之中①。秆丛生，直立或基部稍倾斜，平滑无毛②。穗状花序柔软③，穗轴成熟时逐节断落；两颖呈弯软细芒状，其小花通常退化为芒状，外稃披针形，先端具长达 7 cm 的细芒④⑤。花果期 5 ~ 8 月。

　　原产于北美及欧亚大陆的寒温带，在美国北部和加拿大的南部地区是一种危害严重的杂草。作为牧草被有意引入，国内学者普遍认为该种最早在东北逸生，后扩散开来，根据标本采集记录判断，于 20 世纪 20 年代就已传入辽宁省大连地区，常入侵农田和草坪。在华东地区分布于山东省和江苏省北部。

多花黑麦草 　意大利黑麦草　**黑麦草属** *Lolium*

Lolium multiflorum Lamarck

	状态
中国	入侵
华东	入侵

　　一年生、越年生或短期多年生草本。常见于路边荒地或园林绿地①。叶鞘疏松，叶舌小或不明显，有时具叶耳②。穗形总状花序直立或弯曲，穗轴柔软，小穗在花序轴上排列紧密③；每小穗含 11～22 朵小花，外稃顶端无芒或具细长芒④⑤。雄蕊 3 枚，柱头帚刷状⑥。花果期 4～8 月。

　　原产于欧洲中部和南部、非洲西北部以及亚洲西南部等地区，作为牧草和草坪草被大量引种至世界温带地区，现已广泛分布于世界亚热带至温带地区，热带地区的高地上也有分布。20 世纪 30 年代，当时位于南京的中央农业实验所和中央林业实验所从美国引进 100 多份豆科和禾本科牧草的种子，在南京进行引种试验，其中就包含多花黑麦草。华东地区分布广泛，常入侵天然草场、农田（麦田）和草坪。

黑麦草 多年生黑麦草、宿根毒麦、英国黑麦草 **黑麦草属** *Lolium*

Lolium perenne Linnaeus

	状态
中国	入侵
华东	入侵

多年生草本，花期具分蘖叶。常见于路边荒地或园林绿地①。植株较矮小，叶鞘疏松，叶舌短小②。穗形总状花序直立或稍弯曲③；每小穗含 7~11 朵小花，外稃顶端通常无芒④，或上部小穗具短芒。雄蕊 3 枚，柱头帚刷状⑤。花果期春季至秋季。

原产于欧洲大部分地区、非洲北部、中东地区和中亚，早期由欧洲牧民作为牧草引种至欧洲各地，之后被欧洲殖民者带到了美洲、澳大利亚、南非等地，现已在世界温带地区广泛种植并逸为野生。20 世纪 20 年代之前就已作为牧草引入中国，首次引入地为江苏南京，之后在中国南北各省广为推广。华东地区分布广泛，易造成牲畜霉菌毒素中毒。

相似种：疏花黑麦草（*Lolium remotum* Schrank） 一年生草本，花期不具分蘖叶⑥。原产于欧洲北部至中部、西亚至俄罗斯西部，在中国仅北京、黑龙江、上海、新疆、云南有分布记录，种群数量较少。

硬直黑麦草　瑞士黑麦草、硬毒麦、南方黑麦草　黑麦草属 *Lolium*

Lolium rigidum Gaudin

	状态
中国	入侵
华东	入侵

　　一年生草本。常见于路边荒地或园林绿地①。秆丛生，较粗壮。叶边缘粗糙，基部明显具叶耳②。穗形总状花序硬直，穗轴质硬，每小穗含 5～10 朵小花，外稃顶端具细长芒③。雄蕊 3 枚，黄色或紫色④，柱头帚刷状。花果期 4～9 月。

　　原产于欧洲南部、地中海地区、中东至亚洲西南部，广泛分布于世界暖温带至温带地区。该种可能作为牧草在 20 世纪 50 年代初引入甘肃天水栽培，之后随农业活动或跨区域引种传播至华北、华东等地区。华东地区分布广泛，尤以安徽、江苏等地分布最广，常入侵天然草场、农田（麦田）和草坪。

　　相似种：欧黑麦草（*Lolium persicum* Boissier & Hohenacker）　每小穗通常具 4 朵小花，外稃顶端具芒⑤。原产于欧洲，在中国仅在西北少数地区有分布，在其他地区偶见栽培。

毒麦 小尾巴麦、黑麦子、闹心麦　黑麦草属 *Lolium*

Lolium temulentum Linnaeus

	状态
中国	入侵
华东	入侵

一年生草本。常生于麦田及其他谷物田中。秆疏丛生①。叶舌长 1～2 mm，叶片扁平，质地较薄，无毛②。穗形总状花序的穗轴增厚③，每小穗具 4～10 朵小花，颖片宽大，等长或稍长于其小穗，芒自近外稃顶端伸出，长可达 1～2 cm ④。颖果长椭圆形，成熟后肿胀⑤。花果期 4～9 月。

原产于欧洲地中海地区和亚洲西南部，广泛分布于世界温带地区的谷物种植区。可能于 20 世纪 40 年代后期随麦种传入中国，首次传入地为黑龙江。除澳门、海南、香港和台湾之外的其他地区均有发现，历史分布区非常广泛，于 2003 年被列入中国第一批外来入侵物种名单，但自 21 世纪之后其分布区迅速缩小，只零星出现于长江以北少数地区（江苏、山东）的麦田之中。

黑麦草属内的各物种之间均存在或多或少的杂交，导致各性状之间的过渡，因此物种之间的差异较为细微，主要依靠小穗之间的差异进行区分⑥。

黑麦草　　　欧黑麦草　　　硬直黑麦草　　　多花黑麦草
L. perenne　　*L. persicum*　　*L. rigidum*　　*L. multiflorum*

红毛草　笔仔草、红茅草、金丝草、文笔草　糖蜜草属 *Melinis*

Melinis repens (Willdenow) Zizka

	状态
中国	入侵
华东	入侵

　　多年生草本。常生于河边、山坡草地和路边荒地①。秆直立，节间常具疣毛，节具软毛，叶舌由长约 1 mm 的柔毛组成②。圆锥花序开展，分枝纤细③；小穗柄纤细弯曲，顶端稍膨大，常被粉红色绢毛④。花果期 6～11 月。

　　原产于非洲南部，长期被用作牧草和观赏植物栽培，现已广泛分布于世界热带和亚热带地区。20 世纪 50 年代左右红毛草作为牧草引入台湾栽培并逐渐归化，在台湾南部沿铁路沿线分布扩散。主要分布于华南地区，在华东则分布于江西省南部和福建省南部，对当地的生物多样性和绿化景观造成了一定的危害。

大黍 坚尼草、普通大黍、天竺草、羊草 黍属 *Panicum*

Panicum maximum Jacquin

	状态
中国	入侵
华东	入侵

　　多年生草本。常生于田间地头、路边荒地或林缘①。植株高大，秆直立粗壮②。叶舌膜质，叶鞘疏生疣基毛③。圆锥状花序大而开展，分枝纤细，下部分枝轮生④；小穗长圆形，顶端尖，无毛⑤。第二小花（谷粒）具横皱纹。花果期 7～10 月。

　　原产于热带非洲，作为牧草被广泛引种栽培于世界各地，归化于世界热带及温带地区，并在部分地区造成入侵。1904 年，大黍在香港地区就有栽培记录，之后不久又被引种进台湾作为牧草栽培，并逐渐归化且造成入侵危害。在华东地区见于福建省南部，植株高大且生长迅速，竞争力强，挤占本土植物的生长空间。

铺地黍 枯骨草、苦拉丁、硬骨草 黍属 *Panicum*

Panicum repens Linnaeus

	状态
中国	入侵
华东	入侵

多年生草本。生于海边或沟渠边，常侵入旱地①。叶鞘光滑，边缘被纤毛，叶舌极短②。圆锥状花序开展，分枝斜上③；小穗长圆形，无毛，先端尖，第一颖薄膜质，长约为小穗的1/4，基部包卷小穗④。花果期6~11月。

原产于欧洲南部和非洲，归化于世界热带与亚热带地区。1827年在澳门及周边岛屿就有标本记录，可能于19世纪初作为牧草引入或被无意带入广东南部岛屿，随后扩散至广东省内陆地区。在华东地区分布于江西南部、浙江南部和福建省，无性繁殖能力强，对旱地作物危害较为严重。

相似种：纤枝稷（*Panicum capillare* Linnaeus） 植株密被毛⑤，圆锥状花序大型，常超过植株高度的1/2 ⑥。该种原产于北美洲，在河北、北京、天津等地发现有归化种群。

假牛鞭草　　假牛鞭草属 *Parapholis*

Parapholis incurva (Linnaeus) C. E. Hubbard

	状态
中 国	归化
华 东	归化

　　一年生草本。常生于海滨、海堤下盐土中①。秆圆柱形或具棱角，节部常膝曲，植株呈铺散状②。叶片线形，扁平或折叠。穗状花序圆柱形而稍压扁，多呈镰刀状弯曲。小穗的颖片革质，外侧边缘内折，具翼，翼缘具硬质纤毛③；颖果长圆形，黄褐色至褐色，有光泽④。花果期 4~6 月。

　　原产于北非、欧洲至西南亚，广泛分布于地中海地区至印度西北部，非洲南部、美洲和澳大利亚也有分布。据《中国主要植物图说·禾本科》（1959 年）记载，该种于 20 世纪 50 年代最先被发现于浙江省普陀海边，可能为无意带入。其分布地狭窄，目前仅见于福建省福州市、江苏省启东市和浙江省（舟山、温州）。

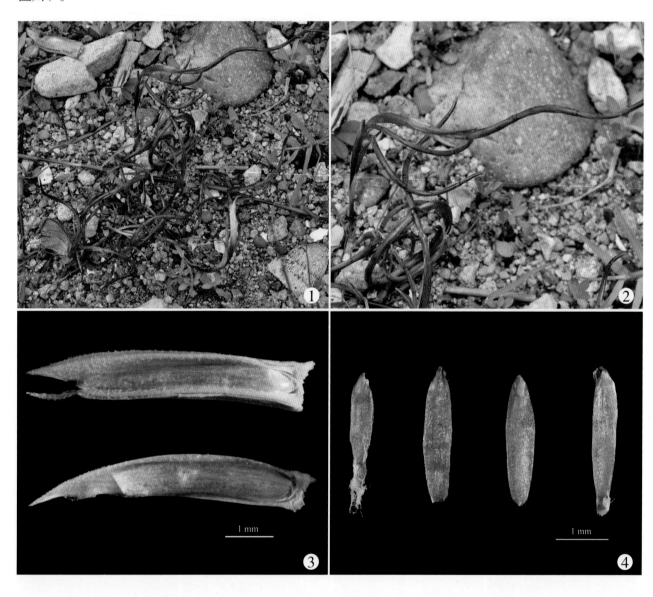

两耳草　八字草、叉仔草、大肚草　　雀稗属 *Paspalum*

Paspalum conjugatum P.J. Bergius

	状态
中国	入侵
华东	入侵

　　多年生草本。常生于路边荒地、草地或农田果园①。秆纤细，有时略带紫色，具匍匐茎②。叶鞘松弛，叶舌极短，鞘口具柔毛③。总状花序 2 枚，对生，长 6～12 cm，穗轴柔软，纤细开展④；小穗卵圆形，第二颖的边缘具长丝状柔毛⑤。花果期夏季至秋季。

　　原产于美洲热带地区，于 19 世纪下半叶引入马来半岛，现广泛分布于世界热带及亚热带地区。1904年在香港就有分布记录，于 20 世纪初自东南亚地区传入中国香港，可能为随苗木交易无意带入，之后扩散至华南、西南地区。在华东地区则分布于福建省南部，于 2018 年在浙江丽水也发现有归化种群，常入侵农田及各种种植园，影响经济林生长。

毛花雀稗 美洲雀稗、大理草、宜安草 **雀稗属 Paspalum**

Paspalum dilatatum Poiret

	状态
中国	入侵
华东	入侵

多年生草本。常生于路边荒地、草地、林缘或园林绿化中①。秆丛生，粗壮②。叶舌膜质，叶片条形，中脉明显③。总状花序4~10枚呈总状着生于一主轴上，形成大型圆锥状花序④，分枝的腋间具长柔毛⑤。小穗卵形，长3~4 mm，第二颖边缘具长纤毛⑥。花果期夏季至秋季。

原产于南美洲，作为牧草在世界范围内引种栽培，澳大利亚栽培最广，现广泛分布于世界热带至暖温带地区，并在许多地区造成入侵。于1913年作为牧草自日本引入台湾，随后又有多次的引入过程，目前在长江流域及其以南地区多有分布。在华东分布于安徽南部、江苏南部、江西北部、上海和浙江台州，主要危害草坪草的生长。

双穗雀稗　泽雀稗、游水筋、过江龙　雀稗属 *Paspalum*

Paspalum distichum Linnaeus

	状态
中国	入侵
华东	入侵

　　多年生草本。常生于路边荒地、水田或河岸湖边①。匍匐茎粗壮、横走，上部直立②。叶鞘松弛，边缘或上部被柔毛③。总状花序通常2枚，近对生，稀于下方再生1枚，长3～5 cm，穗轴硬直④；小穗椭圆形，疏生微柔毛，两行排列⑤。花果期5～9月。

　　该种确切的原产地较为模糊，可能原产于除加拿大之外的美洲地区。广泛分布于世界热带至暖温带地区。20世纪初分别传入中国台湾和广东省南部，之后扩散至华东、华南地区，进入台湾的可能为自日本随农业活动无意带入。华东地区广布，是水稻田及湿润秋熟旱作物地的主要杂草之一。

百喜草　金冕草　　雀稗属 *Paspalum*

Paspalum notatum Flüggé

	状态
中 国	归化
华 东	归化

　　多年生草本。常生于路边草丛或公园绿地①。秆密丛生，根状茎木质化，粗壮②。叶鞘基部扩大，叶舌极短。总状花序常 2 枚对生或具多枚③，腋间具长柔毛，长 7 ~ 16 cm，斜展；小穗卵形，平滑无毛，具光泽④；花药紫色，柱头黑褐色。花果期 8 ~ 10 月。

　　原产于美洲热带及亚热带地区，台湾于 1953 年从美国引进 Pensacola 品系，编号为 A33，1956 年自菲律宾引进另一品系，编号 A44，后来又陆续引进多个品系供试验观察。甘肃及河北等地曾将其作为牧草引种栽培，而且基本上都是从台湾引进的，现在云南以及华东地区的福建和江西等地亦有分布，并且已归化。

丝毛雀稗 吴氏雀稗、小花毛花雀稗 雀稗属 *Paspalum*

Paspalum urvillei Steudel

	状态
中国	入侵
华东	入侵

多年生草本。常生于路边荒地、草地、林缘或园林绿化中①。秆丛生，高大②。叶鞘密生糙毛，鞘口具长柔毛③。总状花序长 8 ~ 15 cm，10 ~ 20 枚组成长 20 ~ 40 cm 的大型总状圆锥花序④。小穗卵形，长 2 ~ 3 mm，稍带紫色，2 ~ 4 行互生于穗轴之一侧⑤，边缘密生丝状柔毛⑥。花果期夏季至秋季。

原产于南美洲，曾作为牧草在世界范围内引种栽培，现广泛分布于世界热带与亚热带地区。于 20 世纪 60 年代前后多次作为牧草引入栽培，传入地分别为台湾和广西，之后扩散至华南其他地区。在华东地区分布于浙江省南部、江西省和福建省，影响作物生产，破坏园林景观。

水蔺草　　蔺草属 *Phalaris*

Phalaris aquatica Linnaeus

	状态
中　国	归化
华　东	归化

　　多年生草本。见于公路旁绿化带内①。秆直立丛生，高大。叶片条形，叶舌膜质，长 3～7 mm ②。花序圆柱形，小穗椭圆形至长圆形，排列紧密③，颖片具翅，全缘，先端尖锐④；外稃披针形，密被毛。花果期 5～8 月。

　　原产于北非、欧洲南部至西南亚，作为牧草在世界范围内被广泛引种栽培。于 21 世纪初才在中国有该种的记录，据 *Flora of China*（2006 年）记载，该种被作为牧草引入栽培，仅分布于云南。笔者于 2015 年调查发现该种在江苏省盐城市和连云港市已有归化种群。

石茅 假高粱 高粱属 *Sorghum*

Sorghum halepense (Linnaeus) Persoon

	状态
中国	入侵
华东	入侵

　　多年生草本。常生于排水良好的山坡、路边荒地或田间果园①。根状茎发达②，可通过根状茎的芽萌发新植株③。圆锥状花序分枝细弱，斜生④。无柄小穗椭圆形或卵状椭圆形，第一颖具 5~7 脉，顶端两侧具脊⑤，延伸成明显的 3 小齿。花果期夏季至秋季。

　　原产于地中海地区，现分布于世界各地，是温带地区广泛分布的恶性杂草。20 世纪初该种自美国引入中国香港栽培，同一时期曾自日本引入中国台湾南部栽培，并在香港和广东北部发现归化，其种子常混在进口作物种子中引进和扩散。在华东地区分布广泛，危害农作物生产，于 2003 年被列入中国第一批外来入侵物种名单，也是中国禁止输入的检疫性有害生物。

苏丹草　　高粱属 *Sorghum*

Sorghum sudanense (Piper) Stapf

	状态
中国	归化
华东	归化

　　一年生草本。常生于路边荒地或田间地头①。无根状茎。圆锥状花序松散，常呈塔形②，分枝细弱，斜升③；无柄小穗长椭圆形，第一颖具 11 ~ 13 脉，顶端不呈齿状④。颖果椭圆形至倒卵状椭圆形，成熟时常呈紫褐色⑤。花果期 7 ~ 9 月。

　　原产于非洲，世界多国将其作为牧草广泛栽培。1944 年《台湾农家便览（第 6 版）》记载苏丹草在台湾作为饲料栽培，中国南方各省区均有引种，多作青饲料栽培，并逐渐归化。在华东地区归化于安徽、江苏、江西、山东和浙江。

互花米草　米草　鼠尾粟属 *Sporobolus*

Sporobolus alterniflorus (Loiseleur) P. M. Peterson & Saarela

	状态
中国	入侵
华东	入侵

多年生草本。生于沿海滩涂湿地①。植株高大丛生，根状茎发达。叶片线形至披针形，叶鞘边缘具毛②。多个穗状花序交互着生于主轴上③，花两性，雌蕊先熟，柱头2枚④，雄蕊在雌蕊受粉结束后从花内伸出③。小穗扁平无毛，几乎不重叠，先端延伸呈刺状⑤。花果期夏季至秋季。

原产于美国东南部海岸，在美国西部、欧洲海岸、新西兰和中国沿海等多地归化。为了促淤造陆、保滩护岸，1979年南京大学仲崇信教授等将互花米草自美国引入江苏种植，试种成功后推广到华东沿海各地，随后在海岸带快速生长蔓延，于2003年该种被列入中国第一批外来入侵物种名单。在华东地区分布于山东、江苏、浙江、上海和福建沿海。

相似种：大米草 [*Sporobolus anglicus* (C.E. Hubbard) P.M. Peterson & Saarela] 小穗有短柔毛，紧密重叠⑥。原产于英国，1963年引入江苏种植，现仅零星分布于华东至东北沿海滩涂。

罂粟科 **Papaveraceae**

	状态
中 国	归化
华 东	归化

虞美人　丽春花、赛牡丹、百般娇　　罂粟属 *Papaver*

Papaver rhoeas Linnaeus

　　一年生草本。常见于路边荒地、草丛或苗圃中①。茎直立，全株被伸展的刚毛。叶片羽状分裂，浅裂、深裂至全裂②。花单生于枝顶，具长花梗，花蕾下垂③；花瓣 4 枚，全缘，偶有缺刻，紫红色，基部常有深紫色斑点，雄蕊多数④。蒴果宽倒卵形，具不明显的肋⑤。花果期 3 ~ 8 月。

　　原产于欧洲，广泛归化于非洲与欧亚大陆。北宋嘉祐年间苏颂等编撰的《本草图经》（1061 年）即有丽春花的记载，之后多见于花卉或本草学著作之中，可能在唐宋时期作为花卉传入长安。目前中国南北各地均有栽培，华东地区亦有种植⑥，并常见归化。

毛茛科 **Ranunculaceae**

	状态
中国	入侵
华东	入侵

刺果毛茛　野芹菜、刺果小毛茛　**毛茛属 *Ranunculus***

Ranunculus muricatus Linnaeus

　　一年生草本，植株近无毛。常生于道旁田野、沟边水塘或疏林下①。叶片近圆形，具长柄，基部叶 3 中裂至深裂，边缘有缺刻状锯齿②。花萼膜质，常反折③，花瓣黄色，基部狭窄成爪，顶端圆④。聚合果球形，由多数瘦果组成，瘦果扁平，椭圆形，两面具多数直伸或弯刺，有疣基⑤。花果期 3～6 月。

　　原产于欧洲、北非、西亚和印度次大陆，广泛归化于澳大利亚南部、美国南部和西部、新西兰、太平洋岛屿。最迟于 19 世纪 80 年代传入中国台湾，属无意带入，在中国大陆地区则以上海为中心向周围地区扩散，广泛分布于安徽、江苏、江西、上海、浙江和福建宁德。

<table>
<tr><td></td><td>状态</td></tr>
<tr><td>中国</td><td>入侵</td></tr>
<tr><td>华东</td><td>归化</td></tr>
</table>

景天科 **Crassulaceae**

洋吊钟 棒叶落地生根、肉吊莲、玉吊钟　**落地生根属** *Bryophyllum*

Bryophyllum delagoense (Ecklon & Zeyher) Schinz

多年生肉质草本，或为小灌木状，为一次结实植物。常生于岩石海岸或房前屋后①②。叶对生或轮生，狭长圆柱形③，叶先具 3~9 个圆锥形牙齿④，于齿之间着生匙状小芽⑤⑥。复聚伞花序顶生，花排列紧密，花冠钟形，橙红色⑦。蓇葖果，成熟时干燥不开裂。花果期自冬季至翌年春季。

原产于马达加斯加，为马达加斯加特有种，归化于世界热带至亚热带地区。1954 年于广东省广州市中山大学采到标本，1956 年出版的《广州植物志》中有记载，于 20 世纪 50 年代初作为观赏植物引入广州，华南地区多有栽培。在华东地区亦有少量栽培，归化于福建省。

落地生根　灯笼花、土三七、叶生根　落地生根属 *Bryophyllum*

Bryophyllum pinnatum (Lamarck) Oken

	状态
中国	入侵
华东	归化

多年生肉质草本，茎中空。常生于岩石海岸、路旁荒地或房前屋后①。羽状复叶或茎上部叶为 3 小叶或单叶，对生②，小叶长圆形至椭圆形，边缘有圆齿③，圆齿基部易生芽。复聚伞花序顶生④，花冠钟形，淡红色或紫红色⑤。蓇葖果包于花萼筒内，成熟时干燥不开裂⑥。花果期春季至夏季。

原产于马达加斯加，广泛分布于世界热带地区。1861 年出版的 *Flora Hongkongensis* 中有记载，生于香港各处的荒地中。于 19 世纪 40 年代作为观赏或药用植物引入中国，首次引入地为香港，经由广东省传入内陆地区。在华东地区多有栽培，归化于福建省。

相似种：**大叶落地生根** [*Bryophyllum daigremontianum* (Raymond-Hamet & H. Perrier) A. Berge]　单叶，叶片较大，非羽状复叶或 3 小叶复叶。原产于马达加斯加西南部，中国各地多有栽培。

小二仙草科 **Haloragaceae**

	状态
中国	入侵
华东	入侵

粉绿狐尾藻　　大聚藻、绿狐尾藻　　**狐尾藻属** *Myriophyllum*

Myriophyllum aquaticum Verdcourt

　　多年生挺水或沉水草本。常生于流速缓慢的浅水生境中①，有时在泥滩上也可生长②。根状茎发达，在底泥中蔓延，节部生根③。叶 5~7 枚轮生，羽状全裂，裂片丝状，蓝绿色，在顶部密集④。雌雄异株，稀两性，每轮 4~6 朵花⑤，花瓣 4 枚，早落。核果坚果状，极少见结果。花期 4~9 月。

　　原产于南美洲，归化于欧洲和亚洲。1996 年在台湾台中市有标本记录，作为水生观赏植物引种栽培，后在野外归化，21 世纪初在华东地区归化，如今广泛分布于长江流域，常常覆盖整个水面和湿地，破坏生态平衡。广泛栽培于华东地区，并在安徽、江苏、江西、上海和浙江等地的诸多水域造成入侵。

葡萄科 Vitaceae

	状态
中国	归化
华东	归化

五叶地锦　　五叶爬山虎　　地锦属 *Parthenocissus*

Parthenocissus quinquefolia (Linnaeus) Planchon

　　落叶木质藤本。常见于公园绿地或房前屋后①。卷须总状 5～9 分枝，顶端嫩时尖细卷曲②，后扩大成红色吸盘。掌状 5 小叶，叶片平整不皱，边缘有粗锯齿③。花序假顶生，形成主轴明显的圆锥状多歧聚伞花序④。浆果球形，成熟时紫黑色⑤。花期 6～7 月，果期 8～10 月。

　　原产于北美洲东部，主要分布于北美洲及欧亚大陆。1900 年在辽宁省有标本记录，20 世纪 50 年代在辽宁已有较大面积的栽培记载，作为观赏植物引入东北地区。如今长江以北地区多有栽培，作为墙体绿化种植，并归化于废弃之地。华东地区除福建省之外均有栽培并归化。

　　相似种：绿叶地锦（ *Parthenocissus laetevirens* Rehder ）　叶片表面呈显著的泡状隆起⑥。该种为国产种，广泛分布于华东地区。

Fabaceae(Leguminosae)

	状态
中国	归化
华东	归化

银荆　鱼骨槐、鱼骨松　金合欢属 *Acacia*

Acacia dealbata Link

常绿灌木或小乔木①。常生于公路或铁路沿线及林缘。嫩枝及叶轴被灰色短绒毛和白霜②。二回羽状复叶，叶轴上的腺体位于羽片着生处③。头状花序球形，花淡黄或橙黄色④，多数头状花序在枝顶排成圆锥状，或在叶腋排成总状⑤。荚果长圆形，被白霜，黑色或红棕色⑥。花期 4~7 月，果期 7~8 月。

原产于澳大利亚，广泛分布于世界热带至亚热带地区。20 世纪 40 年代作为薪炭林优良树种引入云南昆明种植，之后被引种至贵州省和华南地区，70 年代后浙江和江西等地也有引种。目前在华东地区作为行道树或滨海防护林多有栽培，归化于江西南部、浙江南部和福建等地。

黑荆　栲皮树、黑儿茶　金合欢属 *Acacia*

Acacia mearnsii De Wildeman

	状态
中国	归化
华东	归化

常绿乔木，高可达 15 m。常生于向阳山坡①。嫩枝及叶轴无白霜，小枝具棱。二回羽状复叶，叶轴上的腺体位于羽片着生处附近和其他部位②。头状花序球形，花淡黄或白色③，多数头状花序在叶腋排成总状，或在枝顶排成圆锥状④。荚果长圆形，无白霜⑤。花期 6~7 月，果期 7~8 月。

原产于澳大利亚，广泛分布于世界热带至亚热带地区。1951 年在广东省广州市中山大学有标本记录，20 世纪 50 年代后西南、华南至华东的多个省份将其作为优良栲胶树种引种栽培，20 世纪 80 年代在国家林业部的支持下，在温州引种并建立了大面积的黑荆专用林基地。该种虽然被列入"世界上最严重的 100 种外来入侵物种"，但在中国尚未造成入侵危害。在华东地区归化于江西南部、浙江南部和福建等地。

紫穗槐 棉条、紫槐、椒条、棉槐 紫穗槐属 *Amorpha*

Amorpha fruticosa Linnaeus

	状态
中国	归化
华东	归化

　　落叶灌木。常生于河岸、山坡、道路或铁路沿线①。奇数羽状复叶有 11 ~ 25 小叶，小叶卵形或椭圆形，先端有一短而弯曲的尖刺②。穗状花序常 1 至数个顶生或腋生③，旗瓣心形，紫色，雄蕊 10 枚，伸出花冠外④。荚果下垂，微弯曲，棕褐色，表面有凸起的疣状腺点⑤。花果期 5 ~ 10 月。

　　原产于美国东北部和东南部，是优良的绿肥和蜜源植物，广泛分布于北美洲和欧亚大陆。据记载，该种是于 1937 年之后首先在华北地区种植的，经过十几年后就分布至东北、西北、华中及华东各地，常作防护林栽培，有护堤以及防风固沙之用。华东地区广布，并归化于各地，尤其是长江流域及其以北地区。

蔓花生　遍地黄金　落花生属 *Arachis*

Arachis duranensis Krapovickas & W.C. Gregory

	状态
中国	归化
华东	归化

　　多年生草本。常生于路边草地或公园绿地①。茎为蔓性，匍匐生长。偶数羽状复叶互生，有小叶 2 对，倒卵形，全缘②。花腋生，花瓣 3 枚，旗瓣近圆形③，翼瓣长圆形，有耳，金黄色④。荚果长桃形，果壳薄，果实易分散。花果期春季至秋季。

　　原产于南美洲，作为地被植物被广泛引种栽培，分布于世界热带和亚热带地区。20 世纪 90 年代自澳大利亚引入福建栽培，之后在华南地区广为种植，在园林绿化中作为地被植物推广应用。在华东地区则仅见于福建，已有归化种群。

木豆 三叶豆、树豆 木豆属 *Cajanus*

Cajanus cajan (Linnaeus) Huth

	状态
中 国	入侵
华 东	归化

常绿或半落叶性灌木。常生于路边荒地。多分枝，小枝纵棱明显，被灰白色短柔毛①。三出羽状复叶，小叶披针形至椭圆形②。总状花序腋生，花萼钟状，裂片三角形或披针形，被短柔毛③；花冠黄色，长约为花萼的3倍，旗瓣近圆形，背面有紫褐色纵线纹④。荚果线状长圆形，密被灰白色短柔毛⑤。花果期6~10月。

原产于亚洲热带地区，在印度分布尤为广泛，是主要粮食和菜肴之一，世界热带与亚热带地区普遍栽培。20世纪初在台湾、广东、云南等地就已有分布，可能是作为经济作物多次引入我国，20世纪50年代初，湖南省的资兴、汝城两地也有种植。华东地区亦有引种栽培，归化于浙江南部、江西南部和福建等地。

山扁豆 含羞草决明、夜合草、假含羞草 山扁豆属 *Chamaecrista*

Chamaecrista mimosoides (Linnaeus) Greene

	状态
中国	入侵
华东	归化

　　一年生或多年生亚灌木状草本，基部木质。常生于山坡或路边荒地①。偶数羽状复叶，小叶 20~50 对，线状镰形，两侧不对称，中脉靠近叶的上缘②。1 至数朵花聚生于叶腋，花瓣黄色。荚果镰形，扁平，被分散的伏贴毛③。花果期 8~10 月。

　　原产于美洲热带地区，广泛分布于世界热带和亚热带地区。1882 年在云南省鹤庆县有标本记录，1901 年在北京也有采集，作为绿肥植物有意引入，1910 年在安徽和湖北等地也有发现，后在多地有种植，在中国西南及华南地区逸为野生。华东地区也常见栽培，并归化于江西、福建和浙江部分地区（舟山）。另外有学者认为山扁豆早在明初的《救荒本草》（1406 年）中就有记载，但据王锦绣和汤彦承的考证，《救荒本草》中所记载的"山扁豆"应为国产种豆茶决明 [*Senna nomame* (Makino) T. C. Chen]，而非今之山扁豆。

	状态
中国	归化
华东	偶有逸生

蝶豆 蓝蝴蝶、蓝花豆 蝶豆属 *Clitoria*

Clitoria ternatea Linnaeus

多年生攀缘状草质藤本。常生于林缘灌丛或围墙篱笆①。奇数羽状复叶具 5 或 7 小叶，小叶宽椭圆形，先端微凹②。花单生于叶腋，2 枚苞片生于萼筒下，花萼 5 裂③；花冠大而美丽，形态似蝴蝶，白色、粉红色或蓝色，中间具橙黄色或白色斑块，翼瓣与龙骨瓣远较旗瓣为小④。荚果扁平，具长喙⑤。花果期 7 ~ 11 月。

原产于亚洲热带地区，作为观赏植物被广泛栽培，广泛分布于世界热带至南亚热带地区。1917 年在广东省就有标本记录，可能是早期随移民带入栽植供观赏，之后作为藤蔓观赏花卉在华南及西南地区推广。华东地区少见栽培（各植物园有栽培记录）⑥，在福建省中南部地区偶有逸生。

相似种：距瓣豆（*Centrosema pubescens* Bentham） 花冠淡紫红色，翼瓣与龙骨瓣长约为旗瓣之半⑦，荚果线形，具细长的直喙，两侧凸起呈脊状⑧。原产于中南美洲，作为饲料植物或观赏植物有意引入，1954 年在海南有标本记录，广泛栽培于华南和西南地区，偶有逸生。

长果猪屎豆　长叶猪屎豆　猪屎豆属 *Crotalaria*

Crotalaria lanceolata E. Meyer

	状态
中国	入侵
华东	归化

多年生草本或亚灌木。常生于田园路旁或荒山草地①。三出复叶，小叶线形或线状披针形②。总状花序顶生，长达 20 cm，具小花 10 ~ 40 朵；花萼被短柔毛，花冠黄色，长于花萼 1 倍③。荚果长圆柱形，顶端明显弯曲④。花期 6 ~ 8 月，果期 9 ~ 11 月。

原产于热带非洲，归化于澳大利亚、热带美洲、加勒比海地区和热带亚洲。1936年在广东省有标本记录，可能为混在其他作物种子中无意带入，华南和西南地区偶有栽培并逸生。在华东地区则仅分布于福建省龙岩市，已有归化种群。

相似种：**狭叶猪屎豆**（ *Crotalaria ochroleuca* G. Don ）　花萼光滑无毛，花较大⑤，荚果直径亦较大。该种原产于非洲，浙江杭州曾有栽培，未见逸生。

三尖叶猪屎豆　黄野百合、美洲野百合　　猪屎豆属 *Crotalaria*

Crotalaria micans Link

	状态
中国	入侵
华东	归化

　　多年生草本或亚灌木。常生于路边荒地或山坡草丛①。三出复叶，小叶椭圆形或长椭圆形，顶生小叶较侧生小叶大，先端渐尖②。总状花序顶生，具小花 20～30 朵③；花萼密被毛，花冠黄色，稍长于花萼④。荚果长圆柱形，幼时密被锈色柔毛，成熟后部分不脱落，花柱宿存⑤。花期 5～9 月，果期 8～12 月。

　　原产于美洲热带地区，归化于旧世界热带至亚热带地区。1931 年首次报道归化于台湾，几乎同一时期在福建、广东、广西和云南等地也有分布记录，作为绿肥植物和公路护坡植物引种栽培。在华东地区则仅分布于福建省，已有归化种群，2023 年笔者在浙江温州也有发现，但种群较小，尚未归化。

光萼猪屎豆 光萼野百合、苦罗豆、南美猪屎豆 猪屎豆属 *Crotalaria*

Crotalaria trichotoma Bojer

	状态
中国	入侵
华东	归化

多年生草本或亚灌木。常生于路边荒地或山坡草丛①。三出复叶,小叶长椭圆形,先端渐尖②。总状花序顶生,具小花 10 ~ 20 朵③;花萼光滑无毛,花冠直径较小,花瓣黄色,长于花萼 1 倍④。荚果长圆柱形,果皮成熟后无毛,呈黑色⑤。花果期 9 ~ 12 月。

原产于非洲东部地区,广泛归化于世界热带至亚热带地区。1931 年首次报道归化于台湾,几乎同一时期在广东和广西有栽培记录,作为绿肥植物有意引入,栽培历史较长,在华南常作为橡胶园的覆盖植物。在华东地区则仅分布于福建省,已有归化种群。

相似种:猪屎豆(*Crotalaria pallida* Aiton) 小叶先端钝圆或微凹⑥,花萼密被短柔毛⑦。该种原产于非洲,主要分布于华南与西南地区,福建和浙江亦有零星分布。

南美山蚂蝗　　山蚂蝗属 *Desmodium*

Desmodium tortuosum (Swartz) Candolle

	状态
中国	入侵
华东	归化

　　多年生草本。常生于旷野或路边草地①②。全体密被腺毛③。三出复叶，托叶宿存，小叶椭圆形或卵形，两面被毛④。总状花序顶生或腋生，顶生的有少数分枝而呈圆锥花序状，花冠常为红色⑤。荚果窄长圆形，念珠状，荚节近圆形，边缘有时微卷曲，被灰黄色钩状小柔毛⑥。花果期 7~9 月。

　　原产于美国南部至南美洲亚热带地区，归化于亚欧大陆的热带地区。1930 年在广东有标本记录，同一时期在台湾亦有分布，作为绿肥植物有意引入，存在多次引种的可能。如今在华南地区已经造成入侵，在华东地区则归化于福建和江西南部。

野青树 假蓝靛 木蓝属 *Indigofera*

Indigofera suffruticosa Miller

	状态
中国	入侵
华东	归化

　　落叶直立灌木或亚灌木。常生于山谷疏林或路旁空地①。茎直立，有棱，少分枝②。奇数羽状复叶，小叶对生，长椭圆形或倒披针形③。总状花序腋生，花萼钟状，外面有毛，花冠红色④。荚果圆柱形，密被丁字毛，成熟时镰刀状弯曲⑤⑥。花期 3~5 月，果期 6~10 月。

　　原产于美洲热带地区，广泛分布于世界热带至南亚热带地区。1864 年在香港有分布记录，且已在路边荒地逸生，20 世纪初在北京有栽培记录，其叶可提取靛蓝，可能作为药用植物或经济作物有意引入，中国南方地区多有栽培。华东地区亦有种植，归化于福建和江西南部。

银合欢 　白合欢　　银合欢属 *Leucaena*

Leucaena leucocephala (Lamarck) de Wit

	状态
中国	入侵
华东	入侵

　　落叶灌木或小乔木。常生于林缘或向阳山坡①。多分枝，枝叶繁茂，树冠开展②。二回羽状复叶大型，小叶条状长圆形，最下一对羽片着生处有椭圆形腺体 1 枚③。球形头状花序常 1 或 2 个腋生，花白色④。荚果扁平带状，成熟时褐色，纵裂⑤。花期 4 ~ 7 月，果期 8 ~ 10 月。

　　原产于美洲热带地区，广泛分布于世界热带至亚热带地区。1645 年由荷兰人引入台湾，1957 年又由海南热带作物研究所从墨西哥引入海南，之后在华南至西南地区作为荒山造林树种广为栽培。该种萌生能力强，易形成单优群落，严重影响本地植物生长，被列入"世界上最严重的 100 种外来入侵物种"。华东地区亦有栽培，并在浙江南部、江西南部和福建等地造成入侵。

　　相似种：金合欢 [*Acacia farnesiana* (Linnaeus) Willdenow]　托叶针刺状，生于小枝上的较短⑥；头状花序球形，花金黄色⑦。1645 年前后作为观赏植物引入中国台湾，华南和西南地区多有栽培并归化，华东地区有少量栽培，但无野生分布。

紫花大翼豆　　大翼豆属 *Macroptilium*

Macroptilium atropurpureum (Candolle) Urban

	状态
中国	入侵
华东	入侵

　　多年生蔓生草本。常生于公园绿地或路边草地①。茎平卧，多分枝，上部缠绕。三出复叶，顶生小叶卵形至菱形，侧生小叶斜宽卵形，外侧常具一浅裂片②。总状花序具数朵花，花序轴长 1 ~ 8 cm，花冠深紫色③。荚果细长圆柱状④，内含种子 12 ~ 15 粒。花期 7 ~ 9 月，果期 9 ~ 11 月。

　　原产于美洲热带地区，世界热带至亚热带地区多有栽培并逸为野生。1969 年在香港有标本记录，20世纪 80 年代在台湾归化，可能是作为绿肥植物或牧草有意引入华南地区，之后逸为野生，有时入侵果园和林地。在华东地区分布于福建省。

大翼豆　　大翼豆属 *Macroptilium*

Macroptilium lathyroides (Linnaeus) Urban

	状态
中国	入侵
华东	归化

　　一年生或二年生直立草本，有时蔓生或缠绕。常生于旷野或路边荒地①。三出复叶，小叶狭椭圆形至卵状披针形，无裂片或微具裂片②。总状花序具数朵花，花序轴长 3～15 cm，花冠红色③。荚果线形，密被短柔毛④，内含种子 18～30 粒。花期 7～9 月，果期 9～11 月。

　　原产于美洲热带地区，世界热带至亚热带地区多有栽培并逸为野生。1913 年在贵州有标本记录，1951 年在广东省广州市也有发现，可能是作为绿肥植物有意引入，可作为覆盖作物，也可作混合饲料。主要分布于华南和西南地区，福建省亦有栽培，并已归化。

南苜蓿　刺苜蓿、金花菜、黄花苜蓿　　苜蓿属 *Medicago*

Medicago polymorpha Linnaeus

	状态
中国	归化
华东	归化

　　一年至二年生草本。常生于田间地头、沟谷河岸或路边草地①。三出复叶，小叶边缘在 1/3 以上具细锯齿②，托叶卵状长圆形，边缘具不整齐细条裂或深裂刻，先端渐尖③。花序总状或头状，花冠黄色④。荚果盘形，旋转 1.5 ~ 2.5 圈，暗绿褐色，边缘具棘刺或瘤突⑤；种子每圈 1 ~ 2 粒⑥。花期 3 ~ 5 月，果期 5 ~ 10 月。

　　原产地至少包括地中海地区和西南亚。该种在中国的首次确切记载来自《本草纲目》（1593 年）："入夏及秋，开细黄花。结小荚圆扁，旋转有刺，数荚累累，老则黑色。内有米如稷米，可为饭，亦可酿酒。"但李时珍在描述本属于南苜蓿的特征之前，先说该苜蓿由张骞带回，显然他把紫苜蓿和南苜蓿混为一谈了。因此该种在明代就存在并被利用，中国南方各省引种栽培作绿肥或作蔬菜（酒香草头），广泛分布于华东地区。

紫苜蓿　苜蓿　苜蓿属 *Medicago*

Medicago sativa Linnaeus

	状态
中国	归化
华东	归化

　　多年生草本。常生于田间地头、沟谷河岸或路边草地①。三出复叶，小叶边缘中上部具锯齿②，托叶大，卵状披针形，先端锐尖③。花序总状或头状，花冠淡黄、深蓝至暗紫色④⑤。荚果螺旋状卷曲，中央无孔或有细孔⑥，成熟时棕色⑦。花期 5~9 月，果期 8~11 月。

　　原产于中亚乌兹别克斯坦费尔干纳盆地，作为饲料与牧草世界各国广泛种植。《汉书·西域传（上）》中记载："宛王蝉封与汉约，岁献天马二匹。汉使采蒲陶、目宿种归。"可知在西汉时期紫苜蓿就已由汉使引入陕西西安，当时是出于饲养马匹的需要。现全国各地均有栽培或逸为野生，华东地区亦广为栽培，并归化于各地。

印度草木樨　小花草木樨　草木樨属 *Melilotus*

***Melilotus indicus* (Linnaeus) Allioni**

	状态
中国	归化
华东	归化

　　一年生或二年生草本。常生于旷野草地或路边荒地。茎常呈"之"字形弯曲。三出复叶，小叶狭长圆形至倒卵状楔形，中上部边缘具细锯齿①，托叶三角形，基部扩大呈耳状②。总状花序腋生，具多数花③，小花排列紧密，花冠黄色④，直径较草木樨的小。荚果球形，表面具网纹⑤，直径较草木樨的小。花期 3 ~ 6 月，果期 5 ~ 7 月。

　　原产于印度，世界各地多有引种栽培，在美洲已成为农田杂草。1918 年在江苏省镇江市有标本记录，同一时期在台湾归化，可能是作为牧草有意引入。分布于华中、西南和华南各地，华东地区亦有分布，但较少见，零星分布于安徽、福建、江苏和山东等地。

草木樨　辟汗草、黄香草木樨　草木樨属 *Melilotus*

Melilotus officinalis (Linnaeus) Lamarck

	状态
中国	入侵
华东	入侵

　　一年生或二年生草本。常生于旷野草地或路边荒地①。三出复叶，小叶边缘具参差不齐的浅锯齿②，托叶镰状线形③。总状花序腋生，具多数花，小花排列疏松，花冠黄色④。荚果卵形，先端钝圆，具宿存花柱，表面具凹凸不平的横向细网纹⑤，成熟时棕黑色⑥。花期 5 ~ 8 月，果期 6 ~ 10 月。

　　其确切的原产地尚不清楚，可能原产于欧洲南部至西亚地区，广泛分布于欧亚大陆。1887 年程瑶田撰写的《释草小记》中记录了该种，草木樨的名称即出于此处。中国南北各地常见栽培，作为牧草或绿肥使用，在南方地区成为旱地杂草，危害果园，有时侵入农田。华东地区多有栽培，广泛分布于各地。

　　相似种：白花草木樨（*Melilotus albus* Medikus）　托叶尖刺状，花冠白色⑦。有学者将其当作外来种报道，经核实该种为国产种，南北各地多有栽培或野生。

光荚含羞草　簕仔树　含羞草属 *Mimosa*

Mimosa bimucronata (Candolle) O. Kuntze

	状态
中国	入侵
华东	入侵

　　常绿或半落叶灌木或小乔木。常生于疏林下或旷野空地①。枝条上部无刺，下部疏生弯刺。二回羽状复叶具羽片6~8对，小叶线形，中脉略偏上缘②。头状花序球形，花白色③，在枝顶形成大型圆锥状花序④。荚果带状，成熟时褐色⑤，荚节脱落而残留荚缘。花期6~8月，果期8~10月。

　　原产于美洲热带地区，归化于亚洲热带至亚热带地区。1920年在广东省东沙群岛有标本记录，1928年在香港也有分布记录，可能是作为护坡或护堤植物有意引入，之后扩散至华南其他地区，影响本土植物生长。在华东地区则分布于江西南部和福建南部。

无刺巴西含羞草　毒死牛、无刺含羞草　含羞草属 *Mimosa*

Mimosa diplotricha var. *inermis* (Adelbert) Veldkamp

	状态
中 国	入侵
华 东	入侵

　　多年生亚灌木状草本。常生于林缘、果园或路边荒地①。枝上无刺。二回羽状复叶具羽片 6 ~ 8 对，小叶线状长圆形②。头状花序圆球状，花紫红色③，花量极多，密布叶丛中。荚果长圆形，边缘及荚节无刺毛④。花果期 6 ~ 11 月。

　　原产于美洲热带地区，归化于世界热带地区。1961 年在海南有标本记录，作为橡胶园覆盖植物有意引入，但植株含有皂素，牲畜误食会中毒致死，在华南和西南地区多有栽培，之后归化并造成入侵。在华东地区分布于福建南部。

　　相似种：巴西含羞草（*Mimosa diplotricha* C. Wright ex Sauvalle）　荚果边缘及节荚上有刺毛，枝上生有钩刺⑤。该种原产于美洲热带地区，在华南地区造成入侵。

含羞草 知羞草、呼喝草、怕丑草、双羽含羞草　含羞草属 *Mimosa*

Mimosa pudica Linnaeus

	状态
中国	入侵
华东	归化

多年生亚灌木状草本。常生于果园苗圃或旷野荒地①。茎具散生钩刺及倒生刺毛②。二回羽状复叶，羽片通常 2 对，近指状排列，小叶线状长圆形③，触之即闭合下垂。头状花序圆球形，单生或 2～3 个生于叶腋，花冠淡红色④。荚果长圆形，扁平，边缘波状并有刚毛⑤，成熟时荚节脱落，种子近菱形⑥。花果期 5～10 月。

原产于美洲热带地区，现已成为泛热带杂草。1645 年由荷兰人引入台湾栽培，18 世纪许多进入中国的传教士也将该种陆续传入中国广东，供观赏用，《南越笔记》（1777 年）中记载："叶似豆瓣相向，人以吹之，其叶自合，名知羞草。"如今全国各处均有栽培，在华南与西南地区造成入侵。华东地区亦多有栽培，归化于福建南部。

刺槐 洋槐 刺槐属 *Robinia*

Robinia pseudoacacia Linnaeus

	状态
中国	入侵
华东	入侵

　　落叶乔木，高可达 25 m ①。常生于路旁或向阳山坡。奇数羽状复叶的小叶常对生，先端圆而微凹，叶轴上面具沟槽②，具长达 2 cm 的托叶刺③。总状花序腋生，下垂，花多数，白色而芳香④。荚果褐色，或具红褐色斑纹，线状长圆形，平滑无毛⑤。花期 4~5 月，果期 5~8 月。

　　原产于北美洲，17 世纪传入欧洲及非洲，现广泛分布于世界亚热带至温带地区。根据 1933 年出版的《金陵园墅志》记载，刺槐于光绪三至四年（1877—1878 年）由日本引入南京，称为"明石屋树"，作庭院观赏用，光绪二十二年（1896 年）又由德国人从欧洲引入青岛，并大量种植于胶济铁路两侧，最初称之为"洋槐"，以别于国槐，因此当时的青岛有"洋槐半岛"之称。因其速生、易繁殖，适应性和抗逆性强，很快在全国各地得到广泛引种栽培。华东各地亦常见栽培，在野外易形成优势种群，影响本地的生物多样性。

绣球小冠花　小冠花　斧荚豆属 *Securigera*

Securigera varia (Linnaeus) Lassen

	状态
中国	归化
华东	偶有逸生

　　多年生草本。常生于公园绿地或路边荒地①。奇数羽状复叶具 11~25 小叶，小叶椭圆形或长圆形，先端近截形或微凹，具短尖头②。伞形花序腋生，具小花 5~20 朵，密集排列成绣球状③；花冠紫色、淡红色或白色，有明显紫色条纹④。荚果细长圆柱形，具 4 棱，先端有宿存的喙，有荚节⑤。种子长圆球形，褐色⑥。花期 6~7 月，果期 8~9 月。

　　原产于地中海地区，被作为绿肥植物种植，归化于北美洲和亚洲温带地区。1924 年在辽宁省大连市有标本记录，最初在东北地区南部有栽培，之后在华北至西北地区均有种植，供观赏、路边绿化及作为绿肥使用。在华东地区则仅见于江苏连云港和宿迁，为路边栽培，偶有逸生。

翅荚决明　刺荚黄槐、有翅决明、蜡烛花、翼柄决明　**决明属** *Senna*

Senna alata (Linnaeus) Roxburgh

	状态
中国	入侵
华东	归化

　　常绿灌木。见于林缘或路旁荒地①。偶数羽状复叶具小叶 6～12 对，小叶近无柄，叶柄和叶轴上有 2 条纵棱②。总状花序顶生和腋生，具长梗，单生或分枝③；花较大，花瓣黄色，具紫色脉纹④。荚果长带状，具纸质的翅，翅边缘具圆钝齿⑤⑥。花果期 7～11 月。

　　原产于美洲热带地区，现广泛分布于世界热带地区。1934 年在海南有标本记录，可能是作为观赏灌木引种栽培，如今在华南及西南地区有分布，且各地都有逸为野生的植株。在华东地区栽培于福建省，归化于福建南部。

双荚决明　腊肠仔树　决明属 *Senna*

Senna bicapsularis (Linnaeus) Roxburgh

	状态
中国	入侵
华东	归化

　　落叶灌木。常生于房前屋后或路边坡地①。偶数羽状复叶具小叶 3 ~ 4 对，第一对小叶间有 1 枚腺体，小叶顶端圆钝②。总状花序生于枝条顶端的叶腋间，常集成伞房花序状③；花鲜黄色，雄蕊 10 枚，其中 3 枚退化而无花药④。荚果圆柱状，直或微曲⑤。花果期 10 月至翌年 3 月。

　　原产于美洲热带地区，现广泛分布于世界热带至亚热带地区。1923 年在广东省广州市中山大学有标本记录，该种可作绿肥植物、绿篱及观赏植物栽培，为有意引入，如今在华南至西南地区多有种植。华东地区亦常见栽培，并归化于福建、江西和浙江等地。

　　相似种：黄槐决明 [*Senna surattensis* (N. L. Burman) H. S. Irwin & Barneby]　偶数羽状复叶具小叶 7 ~ 9 对，叶轴上有腺体 2 至多枚⑥。该种原产于热带亚洲，华南地区及福建省有栽培。

伞房决明　　决明属 *Senna*

Senna corymbosa (Lamarck) H.S. Irwin & Barneby

		状态
中国		归化
华东		归化

　　落叶灌木或小乔木。常生于路旁坡地或公园绿地①。偶数羽状复叶具小叶 2~3 对，小叶卵形至卵状披针形，顶端渐尖②。总状花序生于枝条上部叶腋或顶生，多少呈伞房状③，花瓣黄色④。荚果圆柱形，果瓣稍带革质⑤，成熟时 2 瓣开裂。花期 5~7 月，果期 8~11 月。

　　原产于美洲热带地区，现广泛分布于世界热带至亚热带地区。1990 年在四川成都植物园有引种栽培，1994 年在江苏无锡也有引种，之后华南及长江流域各省市也多有栽培，常作为护坡植物或观赏植物种植。华东各地常有栽培，并归化于安徽、福建、江苏、江西、上海和浙江。该种有时被误鉴定为**光叶决明** [*Senna septemtrionalis* (Viviani) H. S. Irwin & Barneby]，后者在中国极少栽培。

望江南　羊角豆、野扁豆、喉白草、狗屎豆　决明属 *Senna*

Senna occidentalis (Linnaeus) Link

	状态
中国	入侵
华东	归化

　　落叶灌木或亚灌木。常生于河边滩地、旷野疏林或房前屋后①。偶数羽状复叶具小叶 4~5 对，小叶较大，卵形至卵状披针形，顶端渐尖②，揉之有腐败气味。花数朵组成伞房状总状花序，腋生或顶生③；花瓣黄色，雄蕊 10 枚，其中 3 枚退化而无花药④。荚果带状镰形，褐色，压扁⑤。花期 4~8 月，果期 6~10 月。

　　原产于美洲热带地区，现广泛分布于世界热带至亚热带地区。1917 年在广东省有标本记录，可能是作为药用植物引入，现已是村边荒地习见植物，自东南至西南地区多有分布。华东地区各省市亦多有分布，以长江流域为最多。另外明初《救荒本草》（1406 年）所记载的望江南，其描述与绘图与今之望江南相似，因此可能明初即有分布，但由于其原产于美洲，这使得最早的可能传入时间（1492 年之后）和分布时间（1406 年之前）相互矛盾，故暂记于此，以待后来之考证。

槐叶决明　　荏芒决明　　决明属 *Senna*

Senna sophera (Linnaeus) Roxburgh

	状态
中国	归化
华东	归化

　　落叶灌木。常生于山坡和路旁①。偶数羽状复叶常具小叶 5 ~ 10 对，小叶较望江南的小，顶端急尖或短渐尖②。花数朵组成伞房状总状花序，腋生或顶生③；花瓣黄色，雄蕊 10 枚，其中 3 枚退化而无花药④。荚果近圆筒形，膨胀，成熟时棕黄色⑤。花期 7 ~ 9 月，果期 10 ~ 12 月。

　　原产于热带亚洲，现广泛分布于世界热带至亚热带地区。1928 年在广东罗定有标本记录，可能是作为观赏植物有意引入，目前自东南至西南地区均有栽培，北方部分省区也有种植。华东地区亦常见栽培，归化于江西和浙江。

田菁 碱青、铁青草、涝豆 田菁属 *Sesbania*

Sesbania cannabina (Retzius) Poiret

	状态
中国	入侵
华东	入侵

一年生草本。常生于潮湿低地或路旁荒地①。偶数羽状复叶具小叶 20 对以上，小叶线状长圆形，对生或近对生②。总状花序具 2~6 朵花，排列疏松，总梗纤细下垂③；花冠黄色，旗瓣背面散生大小不等的紫黑点和线④。荚果细长，长圆柱形，宽不过 3.5 mm，微弯⑤。花果期 7~12 月。

原产于澳大利亚至西南太平洋岛屿，作为绿肥植物和纤维植物被广泛引种，归化于亚洲和非洲。1910 年在浙江台州有分布记录，作为绿肥植物有意引入，之后经由南方纷纷引种到北方地区，华南沿海地区亦有种植。华东地区栽培广泛，并广泛分布于各地，常形成大面积优势种群，影响本土植物生长。

圭亚那笔花豆　　热带苜蓿、巴西苜蓿　　笔花豆属 *Stylosanthes*

Stylosanthes guianensis (Aublet) Swartz

	状态
中国	入侵
华东	归化

　　多年生草本或亚灌木，稀为攀缘。见于路边草地或海岛山坡①。三出复叶，小叶卵形、椭圆形或披针形，近无柄②，托叶鞘状。数朵小花组成密集的短穗状花序③；初生苞片密被伸展的红色长刚毛，花小，橙黄色，具红色细脉纹④。果序密集呈穗状，荚果包被于宿存苞片内⑤；荚果卵形，具 1 荚节⑥，喙很小，内弯。花果期秋季至冬季。

　　原产于美洲热带地区，归化于世界热带至亚热带地区。20 世纪 60 年代，华南热带作物科学研究院将其作为绿肥植物引入广州，当时被称为"柱花草"，80 年代开始又从澳大利亚引入多个商业品种，作为绿肥或牧草栽培，如今华南和西南地区多有分布。在华东地区亦有少量栽培，并归化于福建和浙江（温州苍南）。

白灰毛豆　短萼灰叶、山毛豆　灰毛豆属 *Tephrosia*

Tephrosia candida Candolle

	状态
中国	入侵
华东	归化

　　灌木状草本。常生于路边草地、旷野或山坡①。奇数羽状复叶具小叶 8 ~ 12 对，小叶对生，长圆形，小叶柄密被绒毛②。总状花序顶生或侧生，疏散多花，花萼阔钟状，密被绒毛③，花冠白色、淡黄色或淡红色，旗瓣外面密被白色绢毛④。荚果带状线形，密被褐色长短混杂细绒毛⑤。花果期 10 ~ 12 月。

　　原产于印度东部和马来半岛，归化于北半球热带至亚热带地区。1928 年在广东省广州市中山大学农学院农场有栽培记录，作为公路护坡植物或绿肥植物引入，如今在华南以及西南地区多有栽培并逸生。华东地区则仅见于福建，并归化于福建南部地区。

红车轴草　红三叶　车轴草属 *Trifolium*

Trifolium pratense Linnaeus

	状态
中国	入侵
华东	归化

　　短期多年生草本。常生于公园绿地或路边草地①。三出复叶，小叶卵状椭圆形至倒卵形，上面常有"V"字形白斑②，托叶近卵形，脉纹明显，基部抱茎③。花序顶生，球状或卵状，小花排列紧密，花冠紫红色至淡红色④。荚果卵形。花果期 5~9 月。

　　原产于北非、欧洲至亚洲西南部，作为牧草在世界范围内被广泛引种。1922 年在江西有标本记录，作为牧草引入，目前在中国南北各省区均有种植，并常见逸生。华东地区亦常见栽培作绿肥或观赏植物，并广泛归化于各地。

　　相似种：扭花车轴草（*Trifolium resupinatum* Linnaeus）　花冠扭转，旗瓣位于头状花序的远轴侧，花冠深粉色至紫色，翼瓣长于龙骨瓣⑤。该种原产于欧洲至亚洲西南部，2016 年于上海崇明发现有少量分布。

白车轴草 白三叶、荷兰翘摇、幸运草、四叶草 **车轴草属** *Trifolium*

Trifolium repens Linnaeus

	状态
中国	入侵
华东	入侵

短期多年生草本。常生于公园绿地或路边草地①。植株具匍匐茎，以此向周围蔓延生长②。三出复叶，小叶倒卵形或倒心形，上面常有"V"字形白斑③。花序球形，花冠白色，稀黄白色或淡红色，小花排列紧密④。荚果长圆形，成熟时灰色，种子通常3粒⑤。花果期5~10月。

原产于北非、欧洲、中亚至亚洲西南部，作为牧草在世界范围内被广泛引种。1908年在云南有标本记录，作为牧草引入，目前在中国南北各省区均有种植，并常见逸生。华东地区亦常见栽培作绿肥或观赏植物，并广泛分布于各地，常入侵旱地作物及公园草坪，妨碍草坪维护。

相似种：杂种车轴草（*Trifolium hybridum* Linnaeus） 茎无毛或略被毛，花淡红色至白色，叶面无白斑⑥。该种原产于欧洲至西亚，在西北地区及黑龙江、贵州、上海、浙江等地有零星栽培。

长柔毛野豌豆 毛叶苕子、柔毛苕子 野豌豆属 *Vicia*

***Vicia villosa* Roth**

	状态
中国	入侵
华东	入侵

　　一年生草本，攀缘或蔓生。常生于草原荒漠、山谷平地或路边荒地①。偶数羽状复叶，小叶通常 5 ~ 10 对，叶轴顶端卷须有 2 ~ 3 分支②。总状花序腋生，与叶近等长或略长于叶，具小花 10 ~ 20 朵③，单面着生于总花序轴上部，花冠紫色、淡紫色或紫蓝色④。荚果长圆状菱形，先端具短喙⑤。花果期 4 ~ 10 月。

　　原产于欧洲至亚洲西南部，作为牧草在世界范围内被广泛引种并归化。1926 年和 1927 年分别在广东和江苏有标本记录，作为绿肥或牧草引入，引入时间可能更早，如今在中国南北各省区多有栽培并逸生。华东地区亦有栽培，并在江苏（连云港、宿迁、盐城）、山东和浙江（杭州、宁波、台州）等地逸生，常入侵草地以及麦类、豆类等作物田，影响农业生产。

大麻科 Cannabaceae

	状态
中国	归化
华东	归化

大麻 线麻、胡麻、野麻、火麻、山丝苗　　**大麻属 *Cannabis***

Cannabis sativa Linnaeus

　　一年生直立草本，高可达 3 m。常生于山坡、农田、路旁荒地、疏林下及水边高地①。叶掌状全裂，边缘有粗锯齿②。常雌雄异株，雄花序为疏散的圆锥状花序③，雄蕊 5 枚，花丝极短，花药长圆形④。果实簇生于叶腋⑤，瘦果扁卵状，表面具网状纹饰⑥。花期 5～10 月，果期 8～10 月。

　　多数学者认为原产于中亚地区，任广鹏等（2021）的研究则表明大麻最早在东亚单一驯化起源，如今除大洋洲之外世界各大洲均有一定范围的大麻种植，以及因栽培而逃逸所形成的归化种群，其野生种群则主要分布于亚洲。《诗经》中就已有大麻的记载，各地均有栽培，在云南、西藏及东北地区、华北地区、西北地区常见逸生，华南地区偶有逸生，华东各地均有分布。

　　大麻拥有诸多不同的生物型，主要体现在植株大小、分枝多少、节间长短、叶形状、花序特征、种子尺寸以及用途和分布中心等的不同，总体而言栽培状态下的大麻植株高大，果实也较大，野生大麻则植株相对矮小，果实较小。

荨麻科 Urticaceae

	状态
中国	入侵
华东	入侵

小叶冷水花　透明草、小叶冷水麻、礼花草　冷水花属 *Pilea*

Pilea microphylla (Linnaeus) Liebmann

一年生小草本，铺散或直立①。常见于房前屋后的潮湿阴凉处②。茎肉质，多分枝。叶片小，肉质，倒卵形至匙形，同对的不等大。聚伞花序小型，腋生，密集成近头状③。雄花序生于下部叶腋，不具花序托，无总苞片，雄花花被片 4 枚，雄蕊 4 枚④。瘦果卵形，熟时变褐色⑤。花果期夏季至秋季。

原产于热带美洲，包括美国佛罗里达州、墨西哥、西印度群岛以及中南美洲的热带地区，曾作为观赏植物广泛栽培于全世界，归化于世界热带与亚热带地区。1917 年在广东广州有标本记录，可能于 20 世纪初作为小型观赏植物首先引入广东地区，如今在华东各地均有分布，在北方地区常见于花盆及温室内，露天难以越冬。

木麻黄科 **Casuarinaceae**

	状态
中国	归化
华东	归化

木麻黄 短枝木麻黄、驳骨树、马尾树 **木麻黄属 *Casuarina***

Casuarina equisetifolia Linnaeus

　　常绿乔木，高可达 30 m，树干通直。常生于沿海地区①。树皮较薄，不规则裂开，内皮深红色②。小枝纤细，直径约 0.8 mm，柔软下垂③，节脆易抽离。雌雄异花，雄花序顶生于侧生短枝上，呈棒状圆柱形④，花被片 2 枚。果序球果状，椭圆形，长 15～25 mm ⑤，小坚果具翅。花期 4～5 月，果期 7～10 月。

　　原产于澳大利亚和太平洋岛屿，美洲热带地区和亚洲东南部沿海广泛种植。1897 年台湾首先引进木麻黄，1920 年前后，福建、广东和海南等地均有木麻黄引种，最初主要作为行道树和庭院观赏树种，之后用于沿海造林。如今木麻黄广泛分布于福建和浙江沿海，已在当地归化。

　　相似种：细枝木麻黄（*Casuarina cunninghamiana* Miquel） 树皮内皮淡红色。小枝稍硬，不易抽离断节。果序椭圆形至近球形，长 7～12 mm ⑥。

葫芦科 **Cucurbitaceae**

	状态
中国	归化
华东	归化

美洲马㼎儿　南美马㼎儿、垂瓜果　番马㼎属 *Melothria*

Melothria pendula Linnaeus

　　多年生草质藤本。常生于路边草地、农田边缘或园林绿化中①。单叶，阔卵形，具 3~5 角或浅裂，基部心形，边缘具不规则的小齿②。花单性，雌雄同株；雄花比雌花小，通常呈总状花序；花冠 5 裂，黄色，裂片顶端 2 裂③。雌花单生④，花柱 3 个。果椭球形，下垂，直径约 12 mm，未成熟时绿色，具白色斑点⑤，成熟后黑色。花果期 4~10 月。

　　原产于南美洲，归化于亚洲热带至南亚热带地区。2001 年在台湾彰化有标本记录，后被报道归化于台湾，且已自海边快速扩散至中海拔地区，为无意带入。2014 年在湖南永顺小溪国家自然保护区也发现该种，之后陆续在广东、广西等地有分布记录。靠种子传播，其成熟的果实有一定毒性。在华东地区归化于江西赣州和福建。

刺果瓜　刺瓜藤　野胡瓜属 *Sicyos*

Sicyos angulatus Linnaeus

	状态
中国	入侵
华东	入侵

　　一年生攀缘草质藤本。常生于房前屋后、路边空地或低矮林间①。叶片圆形或卵圆形，具 3～5 角或裂，叶两面微糙②。花单性，雌雄同株，雄花排列成总状花序或头状伞房花序③，雌花较小，聚成头状，花冠暗黄色，多少具柔毛，具绿色脉纹④。果长卵圆形，具长刚毛⑤，黄色或暗灰色。花果期 5～10 月。

　　原产于北美洲，后传入欧洲和亚洲。1987 年在云南昆明植物研究所百草园内有标本记录，1988 年在四川也有发现，之后相继出现在台湾、辽宁和北京等地，为无意带入，由其带刺的果实随动物或人类活动无意携带传播，常入侵耕地，危害农作物生产，于 2016 年被列入中国自然生态系统外来入侵物种名单（第四批）。在华东地区仅发现于山东青岛。

	状态
中国	归化
华东	归化

四季秋海棠　四季海棠、瓜子海棠　秋海棠属 *Begonia*

Begonia cucullata Willdenow

　　多年生肉质草本。生于温暖潮湿的环境①。茎直立多分枝，绿色或带红色。单叶互生，叶片卵形至阔卵形，基部略偏斜，微心形，边缘有锯齿和缘毛②。聚伞花序腋生，花玫瑰红色至淡红色或白色③，雄花花被片 4 枚，雌花较雄花小，花被片 5 枚。蒴果具 3 枚稍不等大的翅④。花果期几乎全年。

　　原产于巴西和阿根廷，作为观赏植物在世界各地被广泛引种栽培。1901 年由日本植物学家田代安定从日本作为观赏植物引入台湾，1910 年在广东也有分布记录，20 世纪 30 年代又从美国引入上海和南京一带栽培，如今作为花坛植物广泛种植于南北各省区。华东地区亦广为种植，并归化于江西省南部、浙江省南部和福建省。

　　相似种： 瓦氏秋海棠（*Begonia wallichiana* Lehmann）　叶片阔卵形至椭圆形，花白色⑤。原产于热带美洲，常作为花卉被引种栽培，或有时被作为分子生物学的研究材料，归化于香港。

酢浆草科 **Oxalidaceae**

	状态
中国	归化
华东	归化

关节酢浆草　紫心酢浆草　酢浆草属 *Oxalis*

Oxalis articulata Savigny

　　多年生草本。常见于路边草地或公园绿地①。根状茎木质化，具不规则串珠状结节②。叶基生，3 小叶，正面绿色，背面绿色至紫色，圆状倒心形，顶端凹③。二歧聚伞花序排列成伞形花序状④，花瓣通常紫红色，中央深紫色⑤。蒴果卵形。花果期 3~7 月。

　　原产于南美洲，作为观赏植物在欧亚大陆被广泛引种并归化。1938 年在浙江杭州有标本记录，作为观赏植物引入，由于该种长期以来和**红花酢浆草**（*Oxalis debilis*）相互混淆，因此其首次传入时间与地点不详，如今南北各省区常见栽培。华东地区亦多有种植，常归化于开阔的干扰生境。

　　相似种：德州酢浆草 [*Oxalis texana* (Small) Fedde]　花瓣黄色，喉部具纵向红色纹路⑥⑦；种子棕褐色，其横向的脊上具白色附属物。原产于北美洲南部，于 2019 年在苏州有标本记录，后又发现于杭州、上海和福州，可能随进口种苗无意带入，易与国产种**酢浆草**（*Oxalis corniculata*）相混淆。花果期 3~6 月。

红花酢浆草　大酸味草、铜锤草、紫花酢浆草　　酢浆草属 *Oxalis*

Oxalis debilis Kunth

	状态
中国	入侵
华东	入侵

　　多年生草本。常见于路边草地或公园绿地①。无地上茎，地下部分有球状鳞茎②。叶基生，3 小叶，扁圆状倒卵形，表面绿色，背面浅绿色，顶端凹③。二歧聚伞花序排列成伞形花序状④，花瓣淡紫色至紫红色，中央淡绿色⑤。花果期 3～12 月。

　　原产于南美洲热带地区，广泛归化于世界热带至温带地区。1861 年在香港有分布记录，作为观赏植物有意引入，南北各省区多有栽培，但栽培范围与面积远不如关节酢浆草。该种在南方多地逸为野生，常入侵耕地和园林绿地，造成不良影响。华东各地亦有种植，并广泛逸生于各处。

紫叶酢浆草   三角叶酢浆草、堇花酢浆草、紫蝴蝶   **酢浆草属** *Oxalis*

Oxalis triangularis A. Saint-Hilaire

	状态
中 国	归化
华 东	归化

　　多年生草本。常见于路边草地或公园绿地①。根肉质，圆锥形，鳞茎在地下呈珊瑚状分布。叶基生，3 小叶，倒三角形，顶端微凹，初生时为玫瑰红色，成熟时紫红色②。二歧聚伞花序排列成伞形花序状③，花瓣淡红色或淡紫色，中央淡绿色④。花果期 4 ~ 11 月。

　　原产于南美洲热带地区，归化于亚洲及欧洲的亚热带至温带地区，北美洲也有引种栽培。该种的引种有较为明确的记载，于 1997 年由上海园林专家薛麒麟女士引入上海，据报道曾在 2001 年第五届中国花卉博览会上引起轰动。该种被作为观赏性地被植物栽培，如今南北各省区多有种植。华东地区亦常见栽培，并归化于各地。

	状态
中国	入侵
华东	入侵

西番莲科 **Passifloraceae**

龙珠果　假苦果、龙须果、龙眼果、毛西番莲　　**西番莲属** *Passiflora*

Passiflora foetida Linnaeus

多年生草质藤本，有臭味。常生于路旁、耕地或疏林下①。叶宽卵形至长圆状卵形，先端 3 浅裂，基部心形②；托叶半抱茎，深裂，裂片顶端具腺毛③。聚伞花序退化仅存 1 朵花，与卷须对生，花白色或浅紫色，外副花冠裂片丝状④；苞片 3 枚，一至三回羽状分裂，裂片丝状⑤。浆果卵圆球形，成熟时黄色⑥，具多数种子。花期 7~8 月，果期翌年 4~5 月。

原产于南美洲北部至西印度群岛，归化于世界热带地区。1861 年在香港有分布记载，其果味甜可食，并兼有药用功能，很可能最初是人为引进，后来逐渐逸为野生，主要分布于华南至西南地区，常攀附其他植物，危害其生长。在华东地区则仅分布于福建省南部。

相似种：西番莲（*Passiflora caerulea* Linnaeus）　叶掌状 5 裂，裂片全缘，花直径大⑦。原产于南美洲阿根廷北部和巴西南部，华东地区有露地栽培，福建省南部偶见逸生。

三角叶西番莲　革叶香莲、姬西番莲、南美西番莲　西番莲属 *Passiflora*

Passiflora suberosa Linnaeus

	状态
中国	归化
华东	归化

多年生草质藤本，具腋生卷须。见于路边草地或林缘沟边①。叶片 3 深裂，裂片卵状三角形，边缘具明显缘毛②。花单生或成对生于叶腋内，无花瓣，外副花冠裂片 2 轮，丝状，内副花冠褶状，带紫色，花萼浅绿色或白色③。浆果近球形④，成熟时紫黑色。花果期 8 ~ 11 月。

原产于西印度群岛和美国中南部，归化于亚洲热带至亚热带，在澳大利亚造成入侵。1926 年在台湾有标本记录，作为观赏植物或药用植物引入，并有多次引入的可能，直至适应当地环境而逸生，目前主要分布于华南地区和云南。在华东地区则仅归化于福建省南部。

相似种：细柱西番莲（*Passiflora gracilis* J. Jacquin ex Link）　全株无毛，浆果长椭圆形，成熟时橙红色或红色。该种原产于美洲，目前国内所有鉴定为细柱西番莲的标本均为错误鉴定，尚无可靠的标本证明中国有该种的分布。

	状态
中国	入侵
华东	入侵

大戟科 **Euphorbiaceae**

猩猩草　圣诞树、草一品红　**大戟属** *Euphorbia*

Euphorbia cyathophora Murray

一年生或多年生草本。常生于山坡、林下或路旁荒地①。茎光滑。叶互生，边缘波状分裂或具波状齿或全缘②。苞叶与茎生叶同形，下部具棱形色块，颜色变化多样，白色或红色③。花序单生，数枚聚伞状排列于分枝顶端，腺体扁杯状，近二唇形④。蒴果三棱状球形，光滑无毛④。种子卵状椭圆形，褐色至黑色⑤。花果期 5～11 月。

原产于中南美洲以及西印度群岛地区，归化于旧大陆。1911 年由日本引入台湾，作为观赏植物栽培，目前主要分布于华南至西南地区，常入侵果园，北方地区在温室中偶有栽培。华东地区也常见栽培，分布于江苏徐州、山东南部、浙江南部、江西南部和福建，已造成入侵。

齿裂大戟　大戟属 *Euphorbia*

Euphorbia dentata Michaux

	状态
中国	入侵
华东	归化

一年生草本。常生于路边荒地、草地、林缘或灌丛①。叶对生，叶片卵形，边缘全缘、浅裂至波状齿裂②③。总苞叶 2～3 枚，与茎生叶同形②。花序数枚，聚伞状生于分枝顶部④，腺体 1～2 枚，二唇形，淡黄褐色。蒴果扁球状，光滑无毛，具 3 条纵沟⑤，成熟时分裂为 3 个分果爿。花果期 7～10 月。

原产于北美洲，分布于亚洲和欧洲的亚热带至温带地区。据记载，该种最早见于 1976 年在北京市东北旺药用植物种植场采到的标本，但该标本未见，1984 年在北京香山有标本记录。目前主要分布于华北地区，贵州也有分布，有时入侵农田和公园绿地。在华东地区仅分布于山东济南，较少见。

白苞猩猩草　柳叶大戟　大戟属 *Euphorbia*

Euphorbia heterophylla Linnaeus

	状态
中国	入侵
华东	入侵

　　多年生草本。常生于沟边田埂或路边草地①。茎被柔毛②。叶互生，边缘具稀疏锯齿或全缘，两面被柔毛③。苞叶与茎生叶同形，绿色或基部白色④。花序单生，数枚聚伞状排列于分枝顶端，腺体杯状，近圆形⑤。蒴果卵球状，被柔毛⑤。花果期 5～11 月。

　　原产于美国南部至阿根廷和西印度群岛地区，广泛分布于泛热带地区。1923 年在广东省有标本记录，可能是随进出口贸易无意带入，据记载 1931 年在北京自然博物馆有栽培，目前主要分布于华南至西南地区，常入侵旱地作物和牧场。在华东地区分布于安徽省黄山市、江西省赣州市、浙江省舟山市和福建省南部。

飞扬草 乳籽草、飞相草 大戟属 *Euphorbia*

Euphorbia hirta Linnaeus

	状态
中国	入侵
华东	入侵

一年生草本。常生于田间地头或路边荒地①。叶对生，基部略偏斜，边缘于中部以上有细锯齿，中部以下较少或全缘②。花序多数，于叶腋处密集成头状，基部具长梗③。腺体近杯状，边缘具白色附属物④。蒴果三棱状，被短柔毛④。花果期5～11月。

原产于美国南部至阿根廷和西印度群岛地区，广泛分布于世界热带至亚热带地区。据记载，1820年在澳门有标本记录，但该标本未见，尚待考证。1896年在台湾基隆采到该种标本，应为随人类活动无意带入，目前在长江流域及其以南地区多有分布，常入侵农田及园林绿地。在华东地区分布于安徽南部、福建、江苏南部、江西和浙江。

通奶草　　大戟属 *Euphorbia*

Euphorbia hypericifolia Linnaeus

	状态
中国	入侵
华东	入侵

一年生草本。常生于田间地头或路边荒地①。叶对生，长椭圆形或长卵形，基部通常偏斜，边缘具细锯齿，叶柄极短②。花序数个簇生于叶腋或枝顶，总花梗长③；腺体边缘具较大的白色或淡粉色附属物④。蒴果三棱状，无毛④。种子卵棱状，棕褐色，每个棱面 1~4 横纹⑤。花果期全年。

原产于美国南部至阿根廷和西印度群岛地区，广泛分布于世界热带至亚热带地区。1907 年在广东省有标本记录，可能是随进口农业材料、农机具或农产品等夹带而入，目前在长江流域及其以南地区多有分布，常入侵农田及园林绿地。在华东地区广泛分布于安徽、福建、江苏、江西、上海和浙江，山东较少见。

斑地锦　大戟属 *Euphorbia*

Euphorbia maculata Linnaeus

	状态
中国	入侵
华东	入侵

　　一年生草本。常生于路边荒地、田间地头或公园绿地①。茎匍匐，密被柔毛；叶对生，基部偏斜，边缘具稀疏锯齿，叶片中部常具长圆形紫色斑块②，有时也无斑块。花序单生于叶腋，基部具短柄，腺体边缘具白色附属物，附属物边缘不规则波浪状③。蒴果三角状卵形，全体被柔毛④。花果期 4~9 月。

　　原产于加拿大和美国，广泛分布于世界各地。1933 年在上海闸北和江苏苏州有标本记录，可能是随农作物引种、草皮销售等人类活动无意带入，首次传入时间应更早，如今南北各省区常见分布，常入侵农田及公园草坪。广泛分布于华东地区。

　　相似种：地锦草（*Euphorbia humifusa* Willdenow）　茎无毛，叶片无紫色斑块，蒴果光滑⑤。该种广泛分布于欧亚大陆，中国南北各省区常见分布。

大地锦　美洲地锦草　大戟属 *Euphorbia*

***Euphorbia nutans* Linnaeus**

	状态
中国	入侵
华东	入侵

　　一年生草本。常见于干燥多砾石的生境①。茎斜生，幼枝或节间一侧常被短柔毛。叶对生，基部不对称，叶边缘具细锯齿，两面被长柔毛②。杯状聚伞花序二歧分枝，聚伞状着生于枝的末端③，腺体边缘具白色或淡粉色花瓣状附属物④，蒴果三棱状，无毛⑤。种子深褐色，4棱卵圆形，每个棱面具杂乱的皱纹⑥。花果期4~10月。

　　原产于美洲加勒比地区，广泛分布于世界亚热带地区。该种属无意带入，其形态与**通奶草**极其相似，容易混淆。1998年出版的《中国杂草志》记载了该种在安徽、辽宁和江苏等地有分布，刘全儒等于2003年在北京及河北首先发现了大地锦的分布，为秋熟旱作物农田及苗圃的常见杂草。在华东地区分布于安徽、福建、江苏、上海和浙江。

南欧大戟 癣草 大戟属 *Euphorbia*

Euphorbia peplus Linnaeus

	状态
中国	入侵
华东	入侵

　　一年生草本。见于房前屋后或树下草地等半荫蔽湿润处①。植株矮小，茎直立②。叶互生，倒卵形至匙形，全缘；总苞叶 3～4 枚，与茎生叶同形或相似③。花序单生于顶端，二歧分枝，基部近无柄；腺体新月形，先端具两角，黄绿色④。蒴果三棱状球形，无毛⑤。花果期 4～6 月。

　　原产于欧洲南部至北非，归化于美洲、大洋洲及亚洲的亚热带地区。1925 年在福建省福州市有标本记录，可能是随花卉贸易无意带入，常出现于苗圃、花园及温室中，是华南及西南地区常见的园林杂草，有时入侵农田。在华东地区分布于福建省。

匍匐大戟 铺地草 大戟属 *Euphorbia*

Euphorbia prostrata Aiton

	状态
中国	入侵
华东	入侵

　　一年生草本。常生于路边荒地或公园绿地①。茎匍匐，常呈红色，植株常呈团状②③。叶对生，椭圆形至倒卵形，基部偏斜，边缘全缘或具不规则的细锯齿④。花序常单生于叶腋，少为数个簇生于小枝顶端，腺体具极窄的白色附属物④。蒴果三棱状，除果棱上被疏柔毛外，其他无毛⑤。花果期 4～10 月。

　　原产于美洲热带和亚热带地区，归化于旧大陆热带及亚热带地区。1922 年在福建省有标本记录，随农作物引种、旅行等人类活动无意带入，目前广泛分布于长江流域及其以南地区，常入侵耕地和公园草坪。该种的种子量大，繁殖能力强，广泛分布于华东地区。

匍根大戟   大戟属 *Euphorbia*

Euphorbia serpens Kunth

	状态
中国	归化
华东	归化

一年生草本。常生于海边的沙质地或路边荒地①。茎匍匐，常为绿色，节间具不定根。叶对生，卵圆形，边缘全缘②。杯状聚伞花序生于叶腋，腺体附属物明显，肾形，边缘不分裂③。蒴果球状三棱形，无毛④。花果期 3 ~ 10 月。

原产于美洲热带和亚热带地区，归化于世界热带、亚热带及温带地区。1971 年在江苏有标本记录，随贸易、旅行等人类活动无意带入，主要分布于华东地区，偶见于北京。1959 年曾在青海省有标本记录，但标本未见，因此尚待考证。在华东地区分布于福建、江苏、江西和上海。

相似种一：小叶大戟（*Euphorbia makinoi* Hayata）茎匍匐，略呈淡红色，腺体边缘的附属物狭椭圆形，边缘具不甚明显的齿裂⑤。该种为国产种，主要分布于华东及华南地区。

相似种二：千根草（*Euphorbia thymifolia* Linnaeus）茎及叶均被柔毛，叶边缘具稀疏锯齿，蒴果具毛⑥。原产于北美洲，在中国主要分布于华南与西南地区，福建厦门也有少量分布。

蓖麻　　蓖麻属 *Ricinus*

Ricinus communis Linnaeus

	状态
中国	入侵
华东	入侵

　　一年生或多年生粗壮草本或草质灌木①，高可达 5 m。常生于房前屋后或路边荒地②。叶轮廓近圆形，掌状 7~11 裂，裂缺几达中部，裂片边缘具锯齿③。总状花序或圆锥状花序，雄花具众多雄蕊束④，雌花簇生苞腋，子房无刺或密生软刺，花柱红色⑤。蒴果卵球形或近球形，果皮具软刺⑥或平滑⑦。种子椭圆形，平滑，斑纹淡褐色或灰白色，种阜大⑧。花果期 6~9 月。

　　原产于非洲东部，作为油料植物被广泛引种栽培，归化于世界热带至温带地区。公元 659 年苏敬的《唐本草》中就有蓖麻的记载："叶似大麻，子形宛如牛蜱。"唐代作为药用植物引入西安，近现代作为油料植物推广种植。如今南北各地常见栽培并归化，全株有毒，常入侵耕地。广泛分布于华东地区。

	状态
中国	入侵
华东	入侵

叶下珠科 Phyllanthaceae

苦味叶下珠　美洲珠子草　**叶下珠属** *Phyllanthus*

Phyllanthus amarus **Schumacher & Thonning**

　　一年生草本。常生于路边荒地或公园绿地①。茎圆柱形，略带红褐色②。叶片长椭圆形，顶端圆钝，侧脉在叶背面明显③。雄花与雌花双生于枝顶叶腋，枝条中下部常只有雌花④。雄蕊3枚，花丝合生。蒴果扁球形，具宿存萼片5枚⑤。花果期全年。

　　原产于美洲热带地区，广泛分布于世界热带地区。1928年在台湾高雄有标本记录，为无意带入。目前主要分布于华南和西南地区，常入侵公园草坪，为一般的环境杂草。在华东地区仅分布于福建省南部。

　　该种常与**珠子草**（*Phyllanthus niruri* Linnaeus）相互混淆，经文献查阅和野外调查，应该同属于苦味叶下珠，尚待进一步考证。

纤梗叶下珠　五蕊油柑　叶下珠属 *Phyllanthus*

Phyllanthus tenellus Roxburgh

		状态
中国		归化
华东		归化

　　一年生草本。常生于路边荒地或公园绿地①。小枝纤细；叶片椭圆形，顶端急尖②。小枝下部叶腋雌、雄花均有，上部叶腋着生单朵雌花③。雄花具 5 枚雄蕊，花丝分离④。雌花花梗细长，蒴果扁圆球形，具宿存萼片 5 枚⑤⑥。花果期 7 ~ 11 月。

　　原产于马达加斯加东部的马斯克林群岛，广泛分布于世界热带至亚热带地区。于 1997 年首次报道归化于台湾，之后传播至华南地区，在澳门、广州、深圳与香港等地常见，为无意带入。在华东地区则仅归化于福建省厦门市。

牻牛儿苗科 **Erodiaceae**

	状态
中国	入侵
华东	入侵

野老鹳草　老鹳草　老鹳草属 *Geranium*

Geranium carolinianum Linnaeus

　　一年生草本。常生于杂草丛中或路边荒地①。叶片掌状，5～7裂至近基部，小裂片条状矩圆形②。花序腋生或顶生，每总花梗具2朵小花，常数个总花梗集生顶端，呈伞形状花序③，花冠直径小于1 cm，花瓣淡紫红色，倒卵形④。蒴果被短糙毛，具长喙⑤，成熟时果瓣由喙上部先裂并向下卷曲。花期4～7月，果期5～9月。

　　原产于北美洲，归化于南美洲和欧亚大陆。1926年在江苏有标本记录，1930年在上海也有分布，可能为随着人类活动无意带入，首次传入地为华东地区。如今在南北多数省区均有分布，常常入侵农田，影响农作物生长。华东地区分布广泛。

　　相似种：刻叶老鹳草（*Geranium dissectum* Linnaeus）　叶片掌状5深裂，裂片羽状分裂，末回裂片线形；总花梗单生叶腋，具2朵花，花梗及萼片背面均被腺毛⑥；花瓣玫红色⑦，远较野老鹳草小。原产于欧洲，于2012年发现在江苏南通和扬州有少量分布，2022年在上海亦发现有零星分布。

千屈菜科 Lythraceae

	状态
中国	入侵
华东	入侵

长叶水苋菜 红花水苋 水苋菜属 *Ammannia*

Ammannia coccinea Rottboell

一年生草本。常生于池塘与湖泊周围或水田中①。植株直立，叶交互对生②，无柄，狭披针形或线形，基部明显扩大，呈戟状耳形③，半抱茎。花单生或 2～7 朵簇生于叶腋，无总花梗，花瓣 4～5 枚，紫色、淡紫色或粉红色，近圆形④。蒴果球形，直径 3.5～5 mm，成熟时深紫色，成熟时近 1/3 伸出萼筒之外⑤。花果期 7～12 月。

原产于美洲，广泛分布于欧洲南部、北非、亚洲及澳大利亚等地。1987 年出版的《中华林学季刊》记载该种在台湾台南地区有分布，为随进出口贸易无意带入，20 世纪 90 年代在北京和安徽也有发现，常入侵稻田，成为危害严重的优势杂草，近年来种群不断缩小，较为少见。在华东地区分布于安徽阜阳、山东微山和济南以及浙江绍兴等地。

相似种：耳基水苋（*Ammannia auriculata* Willdenow） 叶片披针形，较长叶水苋菜短⑥；有明显的总花梗，长 3～5 mm，蒴果直径 2～3.5 mm ⑦。国产种，常生于湿地和水稻田中，各地常见。

香膏萼距花　克非亚草　萼距花属 *Cuphea*

Cuphea carthagenensis (Jacquin) J. F. Macbride

	状态
中国	入侵
华东	归化

　　一年生草本。常生于田间地头或路边荒地①。小枝纤细，幼枝被短硬毛和腺毛②。叶对生，薄革质，卵状披针形或披针状矩圆形，两面粗糙，具腺毛③。花单生于枝顶或分枝的叶腋上，花梗极短，花萼疏被硬毛④，花瓣 6 枚，等大，倒卵状披针形，蓝紫色或紫红色⑤。花果期 6 ~ 10 月。

　　原产于美洲热带地区，归化于世界热带至亚热带地区。1960 年在台湾有分布记载，作为观赏植物有意引入，1965 年在广州市也有标本记录，之后逃逸并归化，主要分布于华南地区和云南等地，有时可入侵农田。在华东地区归化于江西省南部和福建省南部。

　　相似种：细叶萼距花（*Cuphea hyssopifolia* Kunth）　常绿小灌木，叶片狭椭圆形或狭长圆形，无腺毛⑥。原产于美洲热带地区，作为观赏植物广泛栽培于华南至西南地区。

无瓣海桑　　海桑属 *Sonneratia*

Sonneratia apetala Buchanan-Hamilton

	状态
中 国	入侵
华 东	归化

　　常绿乔木。生于海边潮间带淤泥质土壤上，为红树林植物。小枝下垂，有隆起的节①；叶对生，叶片狭椭圆形至披针形，基部渐狭，先端钝②。3~7 朵花组成聚伞花序；花萼筒长、光滑，萼片绿色，围绕果基部，花瓣无，雄蕊多数，花丝白色，雌蕊柱头盾形似小碗③。浆果球形，直径 1~2.5 cm ④。花期 5~10 月，果期 8 月至翌年 4 月。

　　原产于南亚，广泛分布于孟加拉国、印度、缅甸和斯里兰卡。1985 年由中国红树林考察团郑德璋、陈焕雄等从孟加拉国引入海南东寨港红树林自然保护区试种，作为优良速生的红树林树种栽培。目前分布于华南沿海地区，在华东地区仅分布于福建南部沿海。该种的引种是否会造成生态入侵争议较大，有研究认为，随着该种的归化和扩散，现已逐渐开始危害我国的红树林生态系统，如因化感作用影响其他红树林植物的生长，与我国国产海桑属植物杂交影响遗传多样性等，因此应谨慎推广种植。

柳叶菜科 **Onagraceae**

	状态
中国	入侵
华东	入侵

小花山桃草　　山桃草属 *Gaura*

Gaura parviflora Douglas ex Lehmann

　　一年生草本。常生于路边、铁道旁或山坡田埂等处①。全株密被伸展灰白色长毛与腺毛。基生叶宽倒披针形，茎生叶狭椭圆形、长圆状卵形，有时菱状卵形②。花序穗状，有时有少数分枝，生茎枝顶端，常下垂③。萼片绿色，在花期反折，花瓣白色，后变红色④。蒴果坚果状，纺锤形，具不明显4棱⑤。花期7~8月，果期8~9月。

　　原产于北美洲中南部，广泛分布于南美洲、欧洲、亚洲和大洋洲。1930年在山东烟台有标本记录，可能是随人类活动无意带入，20世纪50年代在河南省有分布记载，1959年出版的《江苏南部种子植物手册》亦有记载，南北多数省区均有分布。广泛分布于华东地区各省市，常入侵耕地和果园，导致农作物和果树减产。

翼茎丁香蓼 　翼茎水丁香　　丁香蓼属 *Ludwigia*

Ludwigia decurrens Walter

		状态
中国		归化
华东		归化

一年生亚灌木状挺水草本。生于沟渠、水边等潮湿地区①。全株光滑无毛。茎具纵棱，多分枝②。叶互生，披针形或狭长卵形，全缘③。花单生于叶腋，萼片和花瓣 4 枚；花瓣黄色，倒卵形或阔卵形④。蒴果方柱形，部分果实基部弯曲⑤⑥。花果期 8 ~ 10 月。

原产于美国东南部至阿根廷北部，归化于欧洲南部、非洲北部及亚洲热带至亚热带地区。2004 年在台湾桃园有标本记录，可能为通过货物贸易无意带入，于 2019 年报道在江西省南昌市有归化种群。目前其分布范围仅包括台湾桃园和江西南昌，可侵入水稻田，影响水稻的产量和品质。

细果草龙 丁香蓼属 *Ludwigia*

Ludwigia leptocarpa (Nuttall) Hara

		状态
中国		归化
华东		归化

一年生或多年生亚灌木状草本。生于沟渠、水边等潮湿地区①。全株被柔毛。叶互生，披针形或线状披针形，先端渐尖②。花单生或簇生于叶腋，萼片和花瓣通常 5 枚③，偶有 4、6 或 7 枚，花瓣黄色，倒卵形④。蒴果线状圆柱形，具柄⑤，表面有浅凹。花果期 8 ~ 10 月。

原产于北美洲，广泛分布于美洲热带、亚热带地区和非洲热带地区。2008 年首次在浙江临安采到该种标本，2011 年在上海也有分布记录，可能通过贸易船只夹带种子无意带入。目前其分布范围仅包括浙江（杭州、湖州）以及上海。

相似种：毛草龙 [*Ludwigia octovalvis* (Jacquin) Raven] 蒴果较长，花冠直径较大，萼片与花瓣均为 4 枚⑥。有学者认为该种为外来种，但并无充分证据可证实，分布于华东和华南地区。

	状态
中国	入侵
华东	入侵

月见草 待宵草、夜来香 月见草属 *Oenothera*

Oenothera biennis Linnaeus

二年生粗壮草本。常生于路边荒地、林缘草地或房前屋后①。茎生叶椭圆形至倒披针形，边缘疏生不整齐的浅钝齿②。花序穗状，通常不分枝，萼片在花开放时自基部反折③；花瓣黄色，长 2.5 ~ 3 cm，宽倒卵形，柱头围以花药④。蒴果锥状圆柱形，具明显的棱⑤。种子暗褐色，棱形，具棱角⑥。花期 6 ~ 10 月，果期 7 ~ 11 月。

原产于北美洲东部，广泛分布于世界温带和亚热带地区。17 世纪经欧洲传入中国东北地区，之后又有多次引入，并作为观赏植物陆续引种到全国其他地区，如今南北各省区多有栽培并归化，有时入侵农田和公园绿地。广泛分布于华东地区各省市。

相似种：待宵草（*Oenothera stricta* Ledebour ex Link） 茎生叶线形，花瓣黄色，但其花冠基部具红斑。原产于南美洲，各地的公园、植物园等处常有栽培，但近年来栽培范围缩小，亦罕见逸生。

海滨月见草 海边月见草、海芙蓉、鲁蒙月见草 **月见草属** *Oenothera*

Oenothera drummondii Hooker

	状态
中 国	入侵
华 东	入侵

　　一年生至多年生直立或平铺草本。生于沿海沙丘地带，茎常匍匐生长①。基生叶莲座状，灰绿色②，茎生叶狭倒卵形至倒披针形，边缘全缘至浅裂③。花序穗状，疏生茎枝顶端，有时下部有少数分枝④，通常每日傍晚开一朵花。花瓣黄色，宽倒卵形，柱头在开花时高过花药⑤。蒴果圆柱状，成熟时从顶端瓣裂，种子不具棱角⑥。花期5~8月，果期8~11月。

　　原产于美国大西洋海岸与墨西哥湾沿岸，归化于南美洲、西亚、澳大利亚、欧洲和非洲。1923年在福建厦门有标本记录，作为观赏植物有意引入，可能先引种到福建，再引种扩散到华南沿海地区，危害滨海沙地作物，有时入侵农田。在华东地区分布于福建和山东沿海地区。

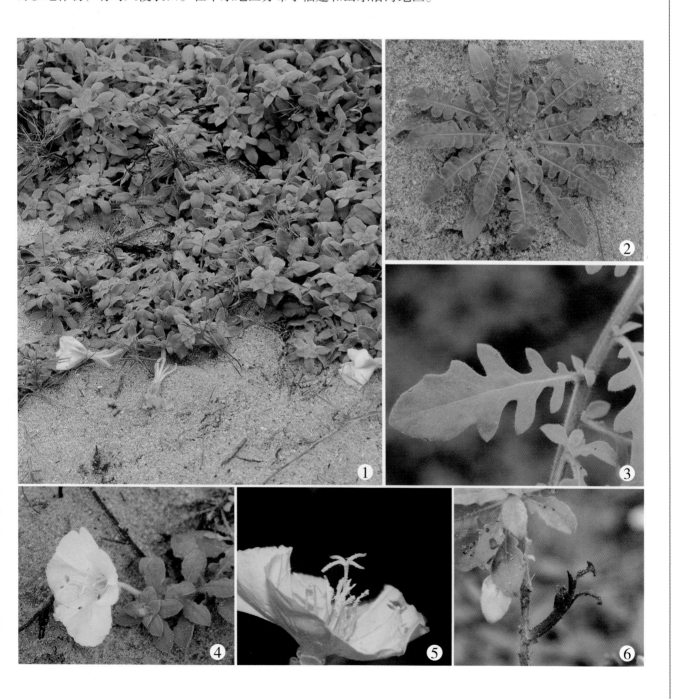

黄花月见草　　红萼月见草、月见草　　**月见草属** *Oenothera*

Oenothera glazioviana Michael

	状态
中国	归化
华东	偶有逸生

　　二年生至多年生直立草本。见于铁道旁或路边空地。基生叶莲座状，倒披针形①。茎生叶螺旋状互生，狭椭圆形至披针形②。花序穗状，生于茎枝顶端。萼片黄绿色，略带红色，开花时反折，花瓣黄色，宽倒卵形，柱头在开花时高出花药③。蒴果锥状圆柱形，种子棱形，具棱角。花期 5 ~ 10 月，果期 8 ~ 12 月。

　　该种为杂交起源，大花月见草（*Oenothera grandiflora* L'Héritier）为其园艺亲本之一，源自欧洲（可能是英国），作为观赏植物引种栽培于世界各地。17 世纪经欧洲传入中国，首次传入地不详（可能为浙江），作为园艺花卉栽培于南北各省区，在部分地区归化。华东地区亦有少量栽培，偶有逸生。

裂叶月见草　　月见草属 *Oenothera*

Oenothera laciniata Hill

	状态
中国	入侵
华东	入侵

一年生至多年生草本。常生于路边空地、田间地头或公园绿地①。茎生叶狭倒卵形或狭椭圆形，叶形变异大，有的羽状裂②，有的具齿，有的全缘③。花序穗状，由少数花组成。萼片绿色或黄绿色，开花时反折③；花瓣淡黄色至黄色，宽倒卵形，盛开时基部带红色，柱头围以花药④。蒴果圆柱状，种子每室 2 列，椭圆状至近球状⑤。花期 4～9 月，果期 5～11 月。

原产于美国东部至中部，归化于南非、澳大利亚、中南美洲、欧洲和东亚。1923 年在福建厦门有标本记录，作为观赏植物有意引入，之后沿长江流域自华东扩散至华中地区，1985 年在台湾有分布记录。在华东地区除山东外均有分布，常入侵农田和公园绿地。

相似种：曲序月见草 [*Oenothera oakesiana* (A. Gray) Robbins ex Walson et Coulter]　花序顶端弯曲上升⑥，种子具棱角。原产于北美洲，据记载零星分布于湖南和福建等地，但据调查在福建并未发现该种。

美丽月见草　　红衣丁香、艳红夜来香、粉晚樱草　　**月见草属** *Oenothera*
Oenothera speciosa Nuttall

	状态
中国	入侵
华东	入侵

多年生草本。常生于路边空地、开阔的林下或公园绿地①。叶形变异较大，从线形、狭椭圆形到倒卵状披针形，边缘波状、齿状或浅裂②。花单生于枝端叶腋，排成疏穗状。花瓣粉红色，花冠喉部黄色，柱头高于花药③。蒴果卵圆形，幼果棍棒状，常为淡红色，后顶端膨大④⑤。花果期 4～11 月。

原产于美国和墨西哥，归化于亚洲和欧洲。该种最早见于 1999 年于漱琦和田永清在《特产研究》中发表的《我国月见草属植物的种类与分布》的文章中，应为 20 世纪末作为观赏植物有意引入台湾栽培，目前主要分布于长江流域。华东地区广泛栽培，并常入侵果园及经济林下。

相似种：粉花月见草（*Oenothera rosea* L'Héritier ex Aiton）　花冠直径不到美丽月见草的一半，花瓣常为紫红色⑥。原产于热带美洲，1957 年南京中山植物园有种植，之后多地有引种，常有将其与美丽月见草混淆者。近年在华东地区鲜有栽培，亦未见逸生。

四翅月见草 椎果月见草 月见草属 *Oenothera*

Oenothera tetraptera Cavanilles

	状态
中国	归化
华东	偶有逸生

一年生至多年生草本。见于路边空地或公园绿地①。茎生叶倒披针形至倒卵形椭圆状披针形，上部的疏生浅齿，下部的羽状深裂②。花瓣宽倒卵形，初时白色③，受粉后变紫红色④。蒴果倒卵状，稀棍棒状，具4条纵翅，翅间有白色棱，顶端骤缩成喙，密被伸展长毛⑤⑥。种子黄褐色，不具棱角。花期5~8月，果期7~10月。

原产于北美洲南部，归化于亚洲、澳大利亚、中南美洲、欧洲和北非。1848年从日本作为观赏植物引入台湾栽培，之后的标本与记录多出自贵州和云南，目前主要分布于西南地区，尤其是云南，并逸为野生。在华东地区主要栽培于福建、江苏和上海等地，偶有逸生。该种与广泛栽培的美丽月见草极为相似，因此其分布范围与状态可能被低估。

桃金娘科 **Myrtaceae**

	状态
中 国	归化
华 东	归化

桉 桉树、白柴油树、大叶桉、大叶有加利、莽树 **桉属 Eucalyptus**

Eucalyptus robusta **Smith**

常绿乔木。生于阳光充足的平原、山坡和路旁①。树皮不剥落,暗褐色,有不规则沟槽纹②。幼叶对生,成熟叶互生,卵状披针形,厚革质③,侧脉多而明显。伞形花序腋生或侧生,花梗压扁,常有棱角,具花 5~10 朵,萼管半球形或倒圆锥形,无棱④。蒴果倒卵形至壶形,果瓣 3~4,深藏于萼管内⑤。花果期 4~9 月。

原产于澳大利亚,世界热带、亚热带地区广泛引种栽培。1890 年作为绿化和观赏植物引种到广州、香港、澳门,1925 年在台湾亦有栽培,1916 年在粤汉铁路广州至韶关段栽培做行道树,后陆续引种到其他地区。在华东地区主要栽培于江西南部、浙江沿海和福建,并有归化种群。

相似种:窿缘桉(*Eucalyptus exserta* F. Müller) 叶片两面多微小黑腺点,蒴果近球形,果瓣 4。原产于澳大利亚,广泛栽培于华南地区和福建省。

漆树科 **Anacardiaceae**

	状态
中国	入侵
华东	入侵

火炬树　　鹿角漆树　　**盐肤木属 *Rhus***

Rhus typhina Linnaeus

　　落叶灌木或小乔木。常生于路边或向阳山坡①。奇数羽状复叶互生，小叶长圆形至披针形，边缘具锯齿，秋季变红②。常雌雄异株，圆锥花序顶生，雌花紧密聚生成火炬状，花柱具红色刺毛③；雄花序密生绒毛，花冠淡绿色④。小核果扁球形，被红色短刺毛，聚生为紧密的火炬形果穗⑤。花期5~8月，果期9~11月。

　　原产于北美洲，广泛分布于北半球的温带地区。中国科学院植物研究所于1959年从美国引种了火炬树，并进行培育和研究，于1974年向全国大力推广种植，大多用于荒山绿化以及盐碱荒地风景林的建设。目前主要分布于中国北方地区，无性繁殖能力强，易对自然生态系统造成危害。在华东地区主要分布于安徽省北部、江苏省北部和山东省。

锦葵科 **Malvaceae**

	状态
中国	归化
华东	归化

长蒴黄麻　　黄麻属 *Corchorus*

***Corchorus olitorius* Linnaeus**

多年生亚灌木状草本。见于路边荒地或草丛①。茎多分枝②。叶长圆披针形，基出脉 5 条，边缘有细锯齿，基部具 2 细长芒③。花单生或数朵排成腋生聚伞花序④，花冠黄色，花瓣与萼片近等长，雄蕊多数⑤。蒴果长条状，稍弯曲，具 10 棱，顶端有一突起的角⑥。花果期 6~11 月。

原产于非洲南部，也有学者认为原产于印度，广泛归化于北半球泛热带地区。1920 年在海南省有标本记录，《海南植物志》为首次记载该种的地方植物志，作为纤维植物有意引入，后栽培于南方各省区，归化于华南至西南地区。华东地区各大植物园常有栽培，归化于福建省南部。

5 mm

泡果苘 青麻、白麻 泡果苘属 *Herissantia*

Herissantia crispa (Linnaeus) Brizicky

	状态
中国	归化
华东	归化

多年生草本。常见于海岸沙地、路边草地或疏林下①。叶心形，边缘具圆锯齿，两面均被星状长柔毛②。花单生于叶腋，花冠淡黄色③。果梗丝状，近顶端处具节而膝曲④。蒴果球形，膨胀呈灯笼状，顶端圆形无喙，疏被长柔毛⑤。花果期 6～10 月。

原产于美洲热带和亚热带地区，归化于热带亚洲。1933 年在海南三亚有标本记录，随农作物引种、草皮销售、交通等人类活动无意带入，目前主要分布于华南地区，多见于沿海地带。在华东地区仅归化于福建省南部。

相似种：苘麻（*Abutilon theophrasti* Medikus） 蒴果顶端具 2 长喙⑥。有学者认为该种原产于印度，但中国也可能为其原产地之一，南北各省区广布。

赛葵 黄花草、黄花棉 赛葵属 *Malvastrum*

	状态
中国	归化
华东	归化

Malvastrum coromandelianum (Linnaeus) Garcke

多年生亚灌木状草本。见于山坡草地或路边荒地①。叶卵状披针形或卵形，边缘具粗锯齿②。花单生于叶腋，具线形小苞片，花萼 5 裂③，花冠黄色，花瓣倒卵形④。分果爿 8 ~ 12，肾形，疏被星状柔毛⑤。花果期 6 ~ 10 月。

原产于美洲热带地区，归化于全球热带至亚热带地区。1861 年在香港有分布记载，至 1907 年在福建有标本记录，为无意带入，之后曾被作为药用植物栽培，目前主要分布于华南至西南地区。在华东地区则归化于江西省南部和福建省，浙江省和上海偶见栽培。

相似种：穗花赛葵 [*Malvastrum americanum* (Linnaeus) Torrey] 花序顶生，密生呈短穗状。该种原产于热带美洲，在中国于 1930 年始见于台湾，后在福建省亦有分布记录，但据调查并未发现此种。

黄花稔 扫把麻 黄花稔属 *Sida*

Sida acuta N. L. Burman

	状态
中国	入侵
华东	归化

多年生亚灌木状草本。见于路边荒地或山坡灌丛①。叶披针形，先端短尖或渐尖，边缘具粗锯齿②。花单生或成对生于叶腋，不具小苞片，花冠黄色，花瓣倒卵形③。分果爿6~7，顶端具2短芒，果皮具网状皱纹。花果期冬季至翌年春季。

原产于美洲热带地区，广泛归化于世界热带及亚热带地区。1904年在台湾有标本记录，至1917年在广州也有采集，为无意带入，无栽培记录，主要分布于华南、华中及西南地区，常侵入公园绿地。在华东地区仅归化于福建省南部。

相似种：刺黄花稔（*Sida spinosa* Linnaeus） 茎有刺，分果爿5，顶端具2长芒④。该种原产于热带美洲，江苏、辽宁和台湾均有报道该种的分布，但据调查仅在口岸内偶见，在野外并未发现此种。

蛇婆子　草梧桐、和他草　蛇婆子属 *Waltheria*

Waltheria indica Linnaeus

	状态
中国	入侵
华东	入侵

　　多年生匍匐状半灌木。常生于向阳草坡或路旁旷地①。叶卵形或长椭圆状卵形，基部圆形或浅心形，边缘有小齿②。聚伞花序腋生，头状，总花梗近无③或长达 1.5 cm ④；花瓣 5 枚，淡黄色，匙形，顶端截形⑤。蒴果小，倒卵形，为宿存的萼所包围⑥，成熟时 2 瓣裂。花果期 6 ~ 11 月。

　　原产于美洲热带地区，广泛归化于世界热带地区。1861 年在香港有分布记载，为无意带入，目前主要分布于华南地区，一般分布在北回归线以南的海边和丘陵地带，常侵入草地，排挤本地植物，影响生物多样性。在华东地区仅归化于福建省南部。

	状态
中国	入侵
华东	入侵

十字花科 **Brassicaceae (Cruciferae)**

臭荠 臭滨芥、臭菜 臭荠属 *Coronopus*

Coronopus didymus (Linnaeus) J. E. Smith

一年生或二年生匍匐草本，全体有臭味。常生于苗圃、农田、公园草坪或路边荒地①。主茎短且不显明，基部多分枝。叶为一回或二回羽状全裂，裂片 3~5 对，线形或狭长圆形②。总状花序腋生③，花极小，花瓣白色（或无花瓣），长圆形④。短角果肾形，成熟时沿中央分裂成 2 果瓣，表面有粗糙皱纹⑤。花果期 3~5 月。

原产于南美洲，广泛归化于世界各地。1912 年出版的 *Flora of kwangtung and Hongkong* 记载臭荠分布于香港岛和九龙的荒地，而 1908 年在上海徐家汇即有标本采集记录，因此该种可能通过航海贸易无意携带而传入中国香港和上海，且存在多次传入的可能。在华东地区分布广泛，是农田、苗圃以及公园绿化中危害严重的杂草。

南美独行菜　　独行菜属 *Lepidium*

Lepidium bonariense Linnaeus

	状态
中 国	归化
华 东	归化

　　一年生直立草本。见于路边荒地、草丛或海边空地①②。茎被细毛。基生叶和茎生叶均为一至三回羽状分裂，小裂片线形，全缘，叶脉不明显或小裂片仅可见中肋③。总状花序顶生，花瓣白色，倒卵状椭圆形，等长或稍长于萼片④。短角果近圆形，扁平，有窄翅，顶端微缺，花柱极短⑤。花期 4~5 月，果期 6~7 月。

　　原产于南美洲，归化于澳大利亚、南非、日本和中国。2002 年发现于台湾彰化，并于 2005 年报道归化于台湾，分布于全岛低至中海拔的开阔地及林缘，局部地区成为优势的入侵物种，生长韧性极强，有扩张之迹象，2014 年在福建连江也有发现，云南亦有分布，目前分布区域较为狭窄。在华东地区分布于福建福州和浙江舟山。

绿独行菜　荒野独行菜　独行菜属 *Lepidium*

Lepidium campestre (Linnaeus) R. Brown

	状态
中国	入侵
华东	归化

一年生或二年生直立草本。生于山坡、路旁荒地或公园草坪①。茎单一，上部分枝或不分枝②。基生叶长圆形或匙状长圆形，全缘或大头羽状半裂，茎生叶基部箭形，抱茎，边缘具波状小齿③。总状花序顶生④，花瓣白色，倒卵状楔形⑤。短角果宽卵形，顶端微缺，上部边缘有翅，花柱和凹缺等长或超出⑥。花果期5~6月。

原产于欧洲和亚洲西部的高加索地区，归化于北美洲（美国、加拿大）、南美洲（智利）、澳大利亚、新西兰、东亚和南非等地。1925年在辽宁省大连旅顺口有标本记录，为无意带入，此后在大连市有大量标本采集记录，1950年在黑龙江也有发现，主要分布于东北地区，有时入侵菜地、山坡、草坪和森林。在华东地区仅分布于山东，于1957年首次在青岛发现。

密花独行菜　琴叶独行菜　独行菜属 *Lepidium*

Lepidium densiflorum Schrader

	状态
中国	入侵
华东	归化

　　一年生草本。生于海滨沙地、田间地头及路边草地①。茎单一，上部多分枝②，密被短腺毛。基生叶长圆形或椭圆形，羽状分裂，茎中下部叶长圆状披针形，边缘有不规则缺刻状尖锯齿③，茎上部叶线形，叶上表面具光泽。总状花序顶生，密生多数小花，无花瓣或花瓣退化成丝状④。短角果圆状倒卵形，顶端圆钝，微缺⑤。花果期 5 ~ 7 月。

　　原产于北美洲，广泛归化于欧洲、温带亚洲、阿根廷和新西兰等地。1931 年在辽宁省大连旅顺口有标本记录，为无意带入，主要分布于东北地区，河北和北京也有分布，常入侵农田和草坪。该种早期曾被误鉴定成**北美独行菜**收录于《东北植物检索表》，之后《东北草本植物志》收录该种并予以澄清。在华东地区仅分布于山东，于 1932 年首次在青岛发现。

北美独行菜　独行菜、星星菜、辣椒菜　独行菜属 *Lepidium*

Lepidium virginicum Linnaeus

	状态
中国	入侵
华东	入侵

一年生或二年生直立草本。常生于路边荒地、房前屋后或园林绿地①。茎单一，上部多分枝，具柱状腺毛。基生叶倒披针形，羽状分裂或大头羽裂，茎生叶倒披针形或线形②。总状花序顶生③，具 4 枚白色花瓣（有时退化），比萼片长或等长④。短角果近圆形，扁平，顶端微凹，边缘有狭翅，花柱极短⑤。花果期春季至秋季。

原产于北美洲，广泛归化于世界热带至温带地区。1910 年在上海采到该种标本，可能是 20 世纪初以种子的形式无意带入，首次传入地为上海，并由东部沿海向内陆逐渐扩散。在华东地区分布广泛，常入侵旱地作物田与公园绿地。

相似种：独行菜（*Lepidium apetalum* Willdenow）　花瓣常退化成丝状，且比萼片短⑥。为国产种，南北各地常见。

豆瓣菜 水田芥、西洋菜、水薸菜、水生菜 豆瓣菜属 *Nasturtium*

Nasturtium officinale W. T. Aiton

	状态
中国	入侵
华东	归化

多年生水生草本。常生于流动缓慢的水体边缘①。茎下部匍匐，上部斜升②，节上生不定根。叶羽状深裂或为奇数羽状复叶，小叶边缘近全缘或呈浅波状③。总状花序顶生，花多数；花瓣白色，具脉纹④，有细长的瓣柄。长角果圆柱形，稍扁，果梗纤细，开展或微弯⑤。花果期4~9月。

原产于亚洲西南部和欧洲地区，在欧洲和美洲地区栽培范围很大，世界各大洲均有分布。该种于清嘉庆十年（1805年）即以西洋菜的名字出现在温汝能编撰的《龙山乡志》中，龙山即今广东顺德，当时已是当地冬春之间的蔬菜，之后逐渐引入华东、西南以及华北等地区。华东各地均有少量的分布，在局部地区归化。

野萝卜　萝卜属 *Raphanus*

Raphanus raphanistrum Linnaeus

	状态
中　国	归化
华　东	归化

　　一年生草本。见于路边荒地或田间地头①。直根细弱，不呈肉质肥大②。茎下部叶具叶柄，大头羽状浅裂或深裂，茎上部叶几无柄，常不分裂或具齿。总状花序顶生③，花瓣白色具紫色纹路④。长角果长 2 ~ 6 cm，种子间明显缢缩，顶端具一细长的喙⑤，成熟时节节断裂。种子褐色至暗褐色，表面具一隆起的纵脊⑥。花果期 5 ~ 10 月。

　　原产于欧洲、北非至西亚，广泛归化于世界各地。1959 年在四川有标本记录，可能由其种子混入其他作物中经西亚传入中国，之后在辽宁和浙江也有发现，存在多次引入的可能。在华东地区分布于浙江舟山和宁波、福建福州和宁德，常见于海边空地。

　　相似种：萝卜（*Raphanus sativus* Linnaeus）　直根肉质肥大⑦，长角果种子间微缢缩，喙较粗短⑧。该种原产于地中海地区，全世界广为栽培。

	状态
中国	入侵
华东	归化

蓼科 **Polygonaceae**

珊瑚藤 秋海棠、凤冠、紫苞藤、红珊瑚、假菩提　**珊瑚藤属** *Antigonon*

Antigonon leptopus Hooker & Arnott

　　多年生攀缘状藤本植物。常生于公园绿地或林缘①。单叶互生，呈卵状三角形，基部心形或近戟形②。花多数，常呈淡红色③，有时白色④，排成长的总状花序，最终成为一个复合的大型圆锥状花序，花序轴顶部延伸成卷须⑤。瘦果卵状三角形，顶端锐尖，成熟时呈褐色，藏于增大宿存花被中⑥。花果期夏季至秋季。

　　原产于墨西哥，在世界的热带或温暖的亚热带地区作为观赏植物广泛引种栽培并逃逸。1915 年在台湾屏东有标本记录，于 1910 年代作为观赏植物引入台湾栽培，华南地区以及云南、安徽、福建、江苏等地均有栽培，并在华南和西南逸为野生。华东地区偶有栽培，归化于福建省南部。

石竹科 Caryophyllaceae

	状态
中国	入侵
华东	偶有逸生

麦仙翁　麦毒草　麦仙翁属 *Agrostemma*

Agrostemma githago Linnaeus

　　一年生草本，全株密被白色长硬毛。常生于开放干扰的生境①。叶片线形或线状披针形，基部微合生，抱茎②。花单生，直径约 3 cm，花梗极长；萼片基部合生成筒，萼裂片线形，长于萼筒③；花瓣 5 枚，紫红色，比花萼短④，具明显的爪。蒴果卵形，种子肾状⑤，成熟时黑色。花期 6~8 月，果期 8~9 月。

　　原产于地中海沿岸地区，除南极洲之外的各大洲均有分布。有学者认为该种是早期随麦种传入的杂草，19 世纪在中国东北采到标本，但未给出标本信息，至 1931 年才有确切的东北三省的采集记录，因此其首次传入地点为东北地区。由于贸易中愈发严格的种子检验检疫以及农业活动等多种因素的影响，该种的野生种群越来越小，只在机械化程度低的农业活动区有较大的种群。在安徽、江苏、山东、浙江等地偶见。

球序卷耳 圆序卷耳、粘毛卷耳、婆婆指甲菜 **卷耳属** *Cerastium*

Cerastium glomeratum Thuillier

	状态
中国	入侵
华东	入侵

　　一年生草本。常见于路边荒地、田间地头以及林间空地①。茎直立，常丛生，密被长柔毛②。茎下部叶片匙形，茎上部叶片倒卵状椭圆形③。二歧聚伞花序簇生枝端，具多数花④；花瓣 5 枚，白色，线状长圆形⑤，稍长于萼片。蒴果长圆柱形，顶端 10 齿裂⑥，种子褐色⑦。花果期 3~6 月。

　　原产于非洲北部以及欧洲与亚洲中部的温带地区，现为全球广布种。明初朱橚所著的《救荒本草》（1406 年）有记载，所载名称为"婆婆指甲菜"，并配有绘图和形态描述。可能经中国西部地区自然传播或人类无意携带传播于中国境内，传入时间应早于明朝初年。华东各地均有分布，多发生于菜地与园林绿化中，影响农业生产和园林景观。

蝇子草 西欧蝇子草、白花蝇子草、匙叶麦瓶草 **蝇子草属** *Silene*

Silene gallica Linnaeus

	状态
中国	入侵
华东	入侵

一年生或二年生草本。常生于受干扰的开阔地①。茎直立或上升，全株被白色长硬毛和腺毛②。单歧聚伞花序顶生，排列疏散，花梗短③。萼筒卵状，具10条纵脉，被硬毛和腺毛④，果时膨大；花瓣淡红色至白色，瓣片露出花萼，先端全缘或微凹缺⑤。蒴果卵形，成熟时顶端6齿裂⑥。花期4~6月，果期6~7月。

原产于欧洲西部，也有学者认为原产于欧洲南部至西亚，归化于欧洲的其他地区以及美洲、非洲、亚洲（东亚和印度）和大洋洲的多个国家。1907年在福建省福州市有标本记录，可能是早期作为观赏植物有意引进，于20世纪初或更早首次引入福建省福州市。在华东见于福建和浙江沿海地区。

	状态
中国	入侵
华东	入侵

无瓣繁缕　小繁缕　繁缕属 *Stellaria*

Stellaria pallida (Dumortier) Crépin

　　一年至二年生草本。常生于路边草丛、园林绿化和菜园中①。茎通常铺散，上部斜升②，中下部有 1 列长柔毛。单叶对生，叶片小，近卵形，下部叶具长柄③。二歧聚伞状花序顶生，花梗细长④；花瓣无或小，近于退化⑤。蒴果卵球形，6 瓣裂。种子多数，淡红褐色⑥。花果期 2~7 月。

　　原产于欧洲中部及西南部大部分地区，澳大利亚、东亚以及北美洲均有分布。1949 年在上海有标本记录，于 20 世纪 40 年代随人类活动无意带入，可能为随草皮带入，首次传入地为上海。华东各省市均有分布，为蔬菜地危害较为严重的杂草，主要发生于早春，发生量大，蔓延迅速，影响农业生产。

	状态
中国	入侵
华东	归化

苋科 **Amaranthaceae**

巴西莲子草　红龙草、红叶千日红、紫娟、红叶草　**莲子草属** *Alternanthera*

Alternanthera brasiliana (Linnaeus) Kuntze

　　多年生草本。常生于路边荒地或草丛中①。直立多分枝，茎紫褐色。叶对生，先端渐尖，紫红色，略具光泽②。头状花序生于枝顶或叶腋，具很长的总花梗③，花序近球形，花瓣白色，花被片有柔毛④，雄蕊 2～5 枚。在南方地区几乎全年均可开花，结实率低。

　　原产于热带美洲，因其叶常呈紫红色而作为观赏植物栽培于世界各地，中国各大城市也有栽培，已培育出多个品种。20 世纪 80 年代之后作为观赏植物引入华南地区，北方地区多种植于温室中，在江西和福建的南部地区有归化种群。

　　相似种：锦绣苋 [*Alternanthera bettzickiana* (Regel) G. Nicholson]　茎上升或直立，头状花序无总花梗。原产于南美洲，其叶片常具不同的色彩而被用作观叶植物在中国的各大城市栽培⑤。

空心莲子草 喜旱莲子草、水花生、水蕹菜　莲子草属 *Alternanthera*

Alternanthera philoxeroides (Martius) Grisebach

		状态
中国		入侵
华东		入侵

　　多年生水陆两栖草本，但更偏向于水生或近水生境①。节处生根，以无性繁殖为主②。茎空心，叶对生，全缘③。头状花序单生于叶腋，具很长的总花梗④，由多数小花组成，花瓣白色，雄蕊5枚⑤。花期5~9月，不结果实或结实率极低。

　　原产于南美洲的巴拉那河（Parana River）流域，即自巴西至巴拉圭以及阿根廷的北部区域。1892年出现于上海附近岛屿，1930年在宁波采到标本，1940年抗日战争期间又由日本人引种到上海郊区作为饲料。至20世纪50年代初，随着养猪事业的发展，该种被逐步推广人工放养至中国南方各省市，如今已遍布华东各地，于2003年被列入中国第一批外来入侵物种名单。

　　相似种一：莲子草 [*Alternanthera sessilis* (Linnaeus) R. Brown ex A.P. de Candolle]　头状花序腋生，初为球形，后为圆柱形，无总花梗⑥，花被片背面光滑无毛，略长于胞果或与之等长⑦。

　　相似种二：狭叶莲子草 *Alternanthera nodiflora* R. Brown　原产于澳大利亚，分布于长江流域及以南各地区。多数学者倾向于将其归并而作国产种莲子草的异名处理，但由于该种叶片线形，宽仅3~6 mm⑧，花被片背面疏被长柔毛，明显长于胞果⑨，与莲子草有所不同，因此部分志书如《浙江植物志》和《台湾植物志》等作两个种处理。

刺花莲子草　地雷草　莲子草属 *Alternanthera*

Alternanthera pungens Kunth

	状态
中国	入侵
华东	入侵

　　多年生草本。茎披散匍匐，常生长于扰动较为频繁的生境中，喜沙质土壤①。叶对生，对生之两叶大小不等②。头状花序无总花梗，1~3个腋生③，苞片顶端有锐刺，花被片5枚，中脉伸出成锐刺④。雄蕊5枚，退化雄蕊边缘齿状。胞果宽椭圆形，极扁平。花果期5~10月。

　　原产于南美洲，主要分布于世界热带与亚热带地区，半干旱与温暖的温带地区也有分布。于1957年在四川泸山首次发现该种，此外也有报道称该种自20世纪50年代初以来先后出现在福建（厦门）和海南（昌江）的海边或旷地，由此可知其有多次传入的可能。在华东地区仅在福建南部沿海有分布，危害农业生产及公园绿化。笔者于2023年在浙江舟山小洋山港发现了该种的归化种群，需警惕其继续蔓延。

白苋　苋属 *Amaranthus*

Amaranthus albus Linnaeus

	状态
中国	入侵
华东	入侵

　　一年生草本。常生于瘠薄干旱的沙质土壤上，见于路边荒地、房前屋后或田间地头①。茎直立或上升，从基部分枝，分枝铺散②。叶片倒卵形或匙形，边缘全缘，有时具明显的波状③。花序腋生，团簇状，或成短穗状花序④；苞片钻状至线状披针形，狭长，稍坚硬，具芒尖⑤，花被片 3 枚，有时 2 枚，等长或近等长⑥。胞果扁平，倒卵形，上部粗糙⑥。花果期 7 ~ 10 月。

　　原产于北美洲中部的平原地区，广泛分布于南美洲、非洲、澳大利亚和欧亚大陆。1915 年在天津塘沽有标本记录，随进口粮食无意带入，1929 年在北京也有发现。目前主要分布于中国北方地区，尤以东北地区为多，常入侵非灌溉农田，危害农作物生产。在华东地区仅分布于山东。

北美苋　　苋属 *Amaranthus*

Amaranthus blitoides S. Watson

	状态
中国	入侵
华东	入侵

　　一年生草本。常在瘠薄干旱的沙质土壤上生长①。茎大部分伏卧，从基部分枝。叶片密生，肉质，形状多样②，倒卵形、匙形至矩圆状倒披针形，具光泽③。花簇生于叶腋，绿色，小苞片披针形④，雄花花被片 4 枚，等长，雌花花被片 4 枚（有时 5 枚），不等长⑤。胞果椭圆形，与宿存的较长花被片近等长⑤，光滑，环状横裂。花期 8~9 月，果期 9~10 月。

　　原产于美国，在世界亚热带到温带的许多地区广泛归化。1959 年出版的《东北草本植物志》第一次记载该种，因此该种可能于 20 世纪 50 年代夹杂在进口粮食中无意带入，首次传入地为辽宁省。目前主要分布于中国的北方地区，影响农作物生长。在华东地区则见于安徽北部和山东。

　　相似种：腋花苋 [*Amaranthus graecizans* subsp. *thellungianus* (Nevski) Gusev]　花呈叶腋短花簇⑥，雌花花被片 2~3 枚⑦。该种原产于欧洲地中海地区、非洲北部至亚洲西部，分布于河北、山西、河南、陕西、甘肃、宁夏、新疆，山东也有零星的分布。

凹头苋　野苋、野苋菜、野葵　苋属 *Amaranthus*

Amaranthus blitum Linnaeus

	状态
中国	入侵
华东	入侵

　　一年生草本。喜生于沙质土壤，特别是肥沃的菜地①。茎伏卧而上升，有时直立②。叶片卵形或倒卵形，先端微凹明显至几乎两裂③。穗状花序或圆锥花序生于枝端，具腋生花簇④，直至下部叶的腋部。小苞片矩圆形，花被片 3 枚⑤。胞果压扁，近球形至倒卵形，明显超过宿存花被片，光滑或稍有皱缩⑤，不裂。花期 7 ~ 8 月，果期 8 ~ 9 月。

　　原产于地中海地区、欧亚大陆和北非，最初被作为野菜种植，现分布于亚洲、欧洲、非洲北部及南美洲。该种传入中国的时间和方式不详，但在苏轼的《物类相感志》中记载其作药用，在《滇南本草》中记载作为蔬菜食用，说明其在北宋时已有分布，传入时间可能更早。如今广泛分布于华东各地。

1000 μm

老枪谷 尾穗苋 苋属 *Amaranthus*

Amaranthus caudatus Linnaeus

	状态
中 国	归化
华 东	偶有逸生

一年生草本。见于路旁荒地或草丛①。茎粗壮直立，无毛。叶片菱状卵形至宽披针形，全缘，先端具小短尖②。大型圆锥状花序顶生或腋生，顶端的穗状花序长而下垂，常为红色③。小苞片狭披针形至线形，花被片 5 枚，膜质。胞果宽卵形至近球形，略长于宿存花被片④，环状横裂。花果期 7～10 月。

原产于南美洲安第斯山区，在美洲和欧洲等地作为谷物或观赏植物栽培。清代康熙年间方式济著的《龙沙纪略》即记载该种在黑龙江有栽培，如今作为观赏植物在中国南北各地被广泛栽培，已培育出诸多品种⑤，华东各省市亦有种植，偶见逃逸生长于村落边、田边、荒地等处。

2000 μm

老鸦谷　繁穗苋、鸦谷、西天谷、天雪米　苋属 *Amaranthus*

Amaranthus cruentus Linnaeus

	状态
中国	归化
华东	归化

　　一年生草本。常生于房前屋后或农田周围①。植株高大直立，具分枝，无毛②。叶柄约与叶片等长，叶片长可达 20 cm ③。大型圆锥状花序顶生和腋生，常深红色、紫色、绿色或黄色④。小苞片纤细，针状，花被片 5 枚⑤。胞果近卵形或长卵形，略长于花被片，平滑或略皱缩⑥，规则周裂。花果期 7~9 月。

　　原产于中美洲，现遍布于世界热带和亚热带地区。有关老鸦谷的传播，有学者认为它是殖民地时期由西班牙人带入欧洲，并由欧洲逐渐向亚洲和非洲扩散。林奈命名该种时所依据的标本就是采自中国的植株，因此最晚于 18 世纪中期就已传入中国。目前老鸦谷在中国大多数处于栽培状态，为一般性杂草，主要影响旱田作物，在华东各地均有分布。

假刺苋　苋属 *Amaranthus*

Amaranthus dubius Martius ex Thellung

	状态
中国	入侵
华东	入侵

一年生草本。常生于路边荒地或田间地头①。茎粗壮直立，分枝，下部无毛，上部被微柔毛②。叶菱状卵形，先端钝，具凹口与小凸尖③。花簇生于叶腋，或大型圆锥状花序顶生，开展至下垂④。苞片三角状卵形，具直立的芒，花被片 5 枚，雌蕊长且伸出花外⑤。胞果卵球形或近球形，稍短于花被片⑥，光滑至稍不规则皱缩，规则横裂。花果期 5 ~ 10 月。

原产于美洲，广泛归化于世界热带和亚热带地区。在热带和亚热带地区，假刺苋作为可供人食用的绿色蔬菜而被有意引种和种植，然而其种子很小，中国的假刺苋很有可能是随着种子贸易于 21 世纪初被无意带入，也可能随矿石的进出口贸易带入，首次发现地为台湾。在华东地区分布于安徽南部山区、江西赣州、福建和浙江。

绿穗苋　　苋属 *Amaranthus*

Amaranthus hybridus Linnaeus

	状态
中国	入侵
华东	入侵

　　一年生草本。常生于受干扰的开阔生境中①。茎直立，全株有开展柔毛。叶片卵形或菱状卵形，边缘波状或有不明显锯齿②。大型圆锥状花序顶生，由多数细长的穗状花序组成，中间花穗最长③。小苞片钻形，中脉坚硬，向前伸出成尖芒④，花被片（4～）5 枚，近等长或不等⑤。胞果微皱，等于或略超出宿存花被片⑤，环状横裂。花期 7～8 月，果期 9～10 月。

　　原产于北美洲东部、墨西哥部分地区、中美洲和南美洲北部，由于其可作绿色蔬菜，其分布范围已扩大至非洲、中南亚和澳大利亚。中国较早的标本记录是 1856 年采自西藏拉达克地区，作为受干扰区域和荒地的先锋植物，绿穗苋跟随人类的迁移而传播，随后侵入耕地，在华东各地广泛分布，是各种作物和蔬菜地里的主要杂草。

	状态
中 国	归化
华 东	偶有逸生

千穗谷 天仙米、天须米、西风谷、天星苋 苋属 *Amaranthus*

Amaranthus hypochondriacus Linnaeus

一年生草本。常见于路边荒地或田间地头①。茎高大直立②，无毛或上部被微柔毛。叶片菱状卵形至长圆状披针形，边缘全缘或略波皱，常带紫色。大型圆锥状花序顶生，具大量短而斜升的分枝，顶穗通常短于侧穗③。小苞片纤细，针状④，花被片 5 枚，中脉伸出⑤。胞果近菱状卵形，具增粗的花柱基部④，规则开裂。花果期 7 ~ 10 月。

原产于墨西哥西北部和中部，在美洲作谷物的栽培历史悠久，目前在世界热带、亚热带和温带地区作为谷物和观赏植物被广泛栽培。有学者认为千穗谷可能是北美洲野生的鲍氏苋（*Amaranthus powellii* S. Watson）和栽培的老鸦谷之间的杂交种。清雍正十二年（1734 年）的《山西通志》在有关宁武府的物产中就提到"千穗谷，高四五尺，叶阔而尖，苗带赤色，其茎可作杖，叶旁皆穗，故名"。因此最晚于 1734 年之前在山西就已有千穗谷的种植，而其实际传入年代应更早，种植范围也更广。在华东各省市亦有零星的种植与归化。

长芒苋　　苋属 *Amaranthus*

Amaranthus palmeri S. Watson

	状态
中国	入侵
华东	入侵

　　一年生草本。常生于农田之中或旷野荒地①。茎直立，下部粗壮，具脊状条纹，分枝多②。叶片卵形至菱状卵形，先端常微凹，具小突尖③。雌雄异株④，穗状花序生茎和侧枝顶端。雌花的小苞片披针形，先端坚硬呈芒刺状⑤，花被片 5 枚，极不等长⑥。胞果近球形，果皮膜质，上部微皱，包藏于宿存花被片内⑥，周裂。花果期 7 ~ 10 月。

　　原产于美国西南部至墨西哥北部，20 世纪初，随着人类交通运输携带种子以及农业生产规模的扩张，长芒苋开始扩散到原产地之外的区域。1985 年 8 月在北京市丰台区南苑乡范庄子村路边首次发现该种，此后长芒苋在我国北方地区迅速扩张，尤其是北京、天津和石家庄，在华东地区则见于山东济南与滨州。2016 年，长芒苋被列入中国自然生态系统外来入侵物种名单（第四批）。

1000 μm

合被苋　泰山苋　苋属 *Amaranthus*

Amaranthus polygonoides Linnaeus

	状态
中国	入侵
华东	入侵

　　一年生草本。常见于田边、路旁、荒地或沿海沙地①。茎直立或斜升，基部多分枝，被短柔毛或近无毛。叶卵形至椭圆状披针形，全缘或波状，茎上部叶较密集②。花序簇生叶腋，总梗极短③，苞片及小苞片钻形，花被下部合生成筒状，4～5裂④，黄绿色。胞果长矩圆形，上部微皱，与宿存花被近等长或略长⑤，不开裂。花果期7～9月。

　　原产于加勒比海岛屿、美国南部、墨西哥东北部及尤卡坦半岛，归化于欧洲、亚洲、非洲和美洲其他地区。可能随粮食或种子贸易无意带入，最初于1979年发现于山东泰安和济南，分布于华东和华北地区，在华东地区分布于安徽北部、江苏中北部、上海（崇明）和浙江（嘉兴、台州）。

1000 μm

	状态
中国	入侵
华东	偶见

反枝苋 西风谷、人苋菜、野苋菜 苋属 *Amaranthus*

Amaranthus retroflexus **Linnaeus**

一年生草本。常见于受干扰的开阔生境中①。茎粗壮直立，全株密生短柔毛②。叶片菱状卵形或椭圆状卵形，顶端有小凸尖，全缘或波状缘③。圆锥状花序顶生或腋生，直立，由数个粗壮的穗状花序组成④。小苞片钻形，顶端尖芒状⑤，花被片5枚。胞果扁卵形，包裹在宿存花被片内，环状横裂⑥。花果期6~9月。

原产于北美洲，广泛归化于北半球和南半球的温带地区。由于反枝苋和绿穗苋形态相似，两者经常混淆。1891年在河北和山东有分布记录，反枝苋跟随人类的迁移而传播，随后侵入耕地，于2014年被列入中国外来入侵物种名单（第三批），主要分布于中国北方地区。在华东地区仅零星见于江西（南昌）、安徽北部和山东。

2000 μm

	状态
中国	入侵
华东	入侵

刺苋　苈苋菜、勒苋菜　苋属 *Amaranthus*

Amaranthus spinosus Linnaeus

　　一年生草本。常见于耕地果园和路边荒地①。茎直立，常带紫色，无毛或稍有柔毛。叶片菱状卵形，顶端圆钝②，叶柄旁具 2 枚坚硬的刺③。圆锥状花序顶生或腋生④，苞片在腋生花簇及顶生花穗的基部者常变成 2 个尖锐直刺⑤，花被片 5 枚。胞果矩圆形，包裹在宿存花被片内⑥，在中部以下不规则横裂。花果期 7 ~ 11 月。

　　原产于热带美洲，在加勒比海地区、非洲的西部和南部、孟加拉湾周围及东亚和东南亚地区成为杂草。1836 年在澳门就已采到刺苋标本，1849 年就已普遍分布于香港，随后在华南地区扩散蔓延，可能随作物、牧场种子和农业机械中的污染物而被无意带入，常入侵农田，危害农业生产活动，于 2010 年被列入中国第二批外来入侵物种名单。广泛分布于华东各省市。

薄叶苋　　苋属 *Amaranthus*

Amaranthus tenuifolius Willdenow

	状态
中国	归化
华东	归化

　　一年生草本。见于路边草丛与湿地旁①。茎匍匐或直立，全株无毛。叶片长矩圆形，先端微凹缺，全缘，植株上部的叶几无叶柄②。花序簇生叶腋或呈短穗状③，小苞片椭圆形，具短尖头，稍肉质④，雌花无花被片。胞果倒卵形，银绿色，成熟时浅褐色，具4～5棱⑤，不开裂。花果期7～10月。

　　原产于印度、孟加拉国及巴基斯坦，在欧洲有分布。1996年在山东曲阜采到标本，1997年在山东微山也有标本记录，并于2002年报道该种为中国新记录植物。目前仅见于山东省，已建立稳定种群。

500 μm

苋 雁来红、三色苋、老来少 苋属 *Amaranthus*

Amaranthus tricolor Linnaeus

	状态
中国	归化
华东	归化

　　一年生草本。常生于路边荒地或田间地头①。茎粗壮直立，绿色或红色，植株无毛。叶片卵形至披针形，全缘或波状，绿色或常带紫红色②。花簇腋生③，或穗状花序顶生，常下垂④。小苞片卵状披针形，顶端具长芒尖，花被片3枚。胞果卵状矩圆形，包裹于宿存花被片内，环状横裂⑤。花期5~8月，果期7~9月。

　　原产于热带亚洲，是南亚和东南亚主要蔬菜之一。于史前时期被驯化，并由印度移民引入非洲，偶尔种植于大城市附近，是非洲东部和南部稀有的外来蔬菜，分布于非洲、加勒比海和太平洋岛屿，在非洲和西印度群岛被当作入侵种。苋在中国较早的记载见于明初的《救荒本草》（1406年），在我国主要作为蔬菜栽培，亦有诸多观赏品种⑥，华东各省市均有栽培，常见逸生。

糙果苋 西部苋 苋属 Amaranthus

	状态
中国	入侵
华东	入侵

Amaranthus tuberculatus (Moquin-Tandon) J. D. Sauer

一年生草本。常见于各种淡水流域边缘地带①②。茎直立，稀斜升或平卧，全株无毛。叶片形态多变，长圆形、匙形、宽卵形至披针形③。雌雄异株，圆锥状花序顶生④，上部弯曲或俯垂，雄花序常不具叶，雌花序的顶生花序常具叶⑤。小苞片具极细的中脉，雄花花被片5枚⑥，雌花花被片缺失。胞果深褐色至红褐色，倒卵状至近球状，近平滑或不规则皱缩，不开裂、不规则开裂或周裂⑦。花果期5~8月。

原产于北美洲，在北美分布于加拿大魁北克、美国亚拉巴马州等地，在西亚和欧洲归化或入侵。该种最早的标本于2009年采自辽宁省，由其种子混杂在大豆和其他粮食中通过国际贸易无意带入。目前在中国北方地区有少量分布，在华东则仅见于山东省滨州市，常入侵农田，影响农业生产。

皱果苋 绿苋、野苋、细苋 苋属 *Amaranthus*

Amaranthus viridis Linnaeus

	状态
中国	入侵
华东	入侵

一年生草本。常生于路边荒地、田间地头或房前屋后①。茎匍匐或直立，多分枝②，全株无毛。叶片卵形至卵状椭圆形，顶端尖凹或凹缺，少数圆钝③。圆锥状花序顶生，由数个细长的穗状花序组成，顶生者比侧生者长④。小苞片披针形，花被片 3 枚⑤。胞果卵圆形至压扁状球形，长于宿存花被片，表面具纵向条纹极皱缩⑥，不开裂。花期 6~8 月，果期 8~10 月。

原产于加勒比海地区，在世界热带和温带地区广泛归化或入侵，已成为常见杂草。1844 年就已有采自澳门的皱果苋标本，之后不久在香港、广东、台湾和江苏等地均有记录，可能由其种子随着人类活动在世界范围内无意传播。该种在华东地区分布广泛，为常见杂草，主要危害农作物的生长。

1000 μm

鸡冠花　鸡公花、洗手花、鸡冠苋、波罗奢花　青葙属 *Celosia*

Celosia cristata Linnaeus

	状态
中国	归化
华东	归化

　　一年生草本。常生于路边荒地或房前屋后①。茎直立，具明显条纹，绿色或红色②。叶片卵形至披针形，绿色常带紫色条纹③。花多数，极密生，呈扁平肉质鸡冠状或羽毛状的穗状花序④⑤。花被片色彩丰富艳丽，具红色、紫色、黄色或橙色等多种颜色。胞果包被于宿存花被片内。花果期7~9月。

　　原产于印度，美洲、欧洲、非洲西部和亚洲的温暖地区均有栽培或归化。北宋《嘉祐本草》始著录，常种植于寺庙之中，可能为唐宋年间作为观赏植物自西域传入中原地带，至北宋已多见于诗词之中。如今中国南北各地均有栽培，品种众多⑥。华东地区亦广为种植，偶有逸为野生。

杂配藜 大叶藜、血见愁、野角尖草 藜属 *Chenopodium*

Chenopodium hybridum Linnaeus

	状态
中国	入侵
华东	入侵

一年生草本。常生于林缘、山坡灌丛、沟谷草地、田间地头和路边荒地等处①。叶片宽卵形至卵状三角形，边缘掌状浅裂，裂片 2 ~ 3 对，不等大，近三角形②。花两性兼有雌性，通常数个团集，在分枝上排列成开散的圆锥状花序③；花被片 5 枚，雄蕊 5 枚，柱头 2 枚④。胞果的果皮薄膜质⑤，成熟时有蜂窝状网纹。花果期 7 ~ 10 月。

原产于欧洲与西亚，分布于欧亚大陆的温带地区，日本也有分布。1905 年在北京天坛有标本记录，据李振宇先生记载，1864 年在河北承德也采到该种，但未给出该标本的信息。可能于 20 世纪初期或更早通过货物运输或人口交流无意带入，首次传入地为当时的河北省（包括北京和天津）。主要分布于中国北方地区，常入侵农田、果园和公园绿地。在华东地区仅分布于山东（青岛和潍坊），上海也有零星分布，但尚未形成稳定种群。

土荆芥　　鹅脚草、臭杏、杀虫芥、香藜草　　腺毛藜属 *Dysphania*

Dysphania ambrosioides (Linnaeus) Mosyakin & Clemants

	状态
中国	入侵
华东	入侵

　　一年生或多年生草本，有强烈的刺激性气味。常生于房前屋后、路旁荒地和农田中①。叶片边缘具稀疏不整齐的大锯齿，基部渐狭具短柄②。花两性及雌性，通常3～5朵簇生于上部叶腋，再组成穗状花序③；花被片绿色，雄蕊5枚，花柱不明显④。胞果扁球形，完全包被于花被内⑤。夏季初开花，果实于夏季至秋季成熟。

　　原产于南美洲热带地区和北美洲南部地区，广泛归化于世界热带至暖温带地区。清代康熙末年何谏所著《生草药性备要》中即有土荆芥的记载，因此最迟于清代康熙年间传入中国，首次传入地应为岭南地区（广东省），可能于当时的通商口岸广州口岸随货物贸易无意带入，常入侵农田，种群数量大，极易扩散，于2010年被列入第二批中国外来入侵物种名单。华东各地均有分布，发生量大。

铺地藜　　腺毛藜属 *Dysphania*

Dysphania pumilio (R. Brown) Mosyakin & Clemants

	状态
中国	入侵
华东	入侵

　　一年生铺散或平卧草本，具刺激性气味。生于草丛、庭院、路旁、荒地、河岸及沟渠旁①②。叶椭圆形、长圆状椭圆形或卵状椭圆形，边缘具 3～5 对粗牙齿或浅裂片③。聚伞花序或团伞花序腋生，近球形④，苞片叶状。花具短柄或近无柄，两性或雌性，花被片 5 枚。胞果卵球形，果皮薄膜质，稍具皱纹⑤。花果期 6～10 月。

　　原产于澳大利亚，广泛分布于欧洲、亚洲、美洲（阿根廷和美国）、非洲东部和南部以及大洋洲。1993 年在河南郑州有标本记录，2006 年首次报道该种在河南归化，其种子随人类活动被无意带入并传播，之后又随引种草坪裹挟而入北京。目前仅在河南、北京、山东和西藏有分布，但该种常出现于羊毛制品以及羊毛废料中，曾在江苏有发现，主要危害园林绿化，也常入侵农田。

银花苋 鸡冠千日红、假千日红、地锦苋 千日红属 *Gomphrena*

Gomphrena celosioides C. Martius

	状态
中国	入侵
华东	入侵

一年生草本。常见于路旁草地或公园绿化①。茎直立或披散，有贴生白色长柔毛②。叶对生，长椭圆形至近匙形，叶柄短或几无③。头状花序顶生，银白色，初呈球状，后呈长圆状④。小苞片白色，花被片背面被白色长柔毛，花期后变硬⑤。胞果梨形，果皮薄膜质。花果期 2 ~ 6 月，华南地区花果期全年。

原产于热带美洲，广泛归化于世界泛热带地区。1959 年出版的《南京中山植物园栽培植物名录》首次收录该种，作为花卉引至南京中山植物园，而华南沿海地区种群的来源可能为 20 世纪 60 年代自东南亚地区无意带入，首次扩散地为海南，常入侵公园草坪。在华东地区分布于福建南部、江西南部和浙江象山。

千日红 百日红、日日红、火球花 千日红属 *Gomphrena*

Gomphrena globosa Linnaeus

	状态
中国	归化
华东	偶有逸生

　　一年生草本。常生于路边荒地或房前屋后①。茎直立，具灰色糙毛②，节部稍膨大。叶片长椭圆形或矩圆状倒卵形，边缘略波状③。花多数，密生呈矩圆形或球形头状花序，常紫红色④。小苞片三角状披针形，紫红色，花被片披针形，包藏于小苞片内，不展开⑤，外面密生白色绵毛。胞果近球形。花果期6~9月。

　　原产于美洲热带地区，世界各地广泛种植。千日红最早见于清代康熙年间陈淏子的《花镜》（1688年），可能为明清之际作为观赏植物自海上传入中国，首次传入地为台湾或福建，中国南北各地多有栽培，品种众多⑥。华东地区亦广泛种植，偶有逸为野生。

番杏科 **Aizoaceae**

番杏 法国菠菜、新西兰菠菜、澳洲菠菜、滨莴苣、蔓菜　　**番杏属** *Tetragonia*

Tetragonia tetragonoides (Pallas) Kuntze

　　一年生或二年生肉质草本。常生于海边沙滩或沙丘①。叶片卵状菱形或卵状三角形，表皮细胞内有针状结晶体②。花单生或 2 ~ 3 朵簇生叶腋，花梗极短或近无梗③。坚果陀螺状，光滑无毛④，骨质，表面具角状突起⑤。

　　其原产地的范围尚存争议，但多数学者认为原产于澳大利亚和新西兰，归化于欧洲和非洲。吴继志于清乾隆四十七年（1782 年）编著的《质问本草》中番杏条记载：辛丑之冬，清舶漂到，采此种问之，番杏。可知当时福建已有人知其名为番杏，由此可推测番杏为 1782 年之前或随洋流、或人为由海上传入中国福建。20 世纪中期以前，番杏又多次从欧美引入中国，1946 年在南京引种栽培，作为蔬菜种植，之后形成了一定的生产规模。如今在福建和浙江沿海地区归化。

商陆科 **Phytolaccaceae**

	状态
中国	入侵
华东	入侵

垂序商陆 美洲商陆、垂穗商陆、十蕊商陆、洋商陆 商陆属 *Phytolacca*

Phytolacca americana Linnaeus

　　多年生高大草本，高可达 2 ~ 3 m。常生于受干扰的开阔生境①。根粗壮、肉质，圆锥形②。茎直立，常为紫红色③，多分枝。总状花序顶生或与叶对生，小花排列稀疏，花被片 5 枚，雄蕊 10 枚④。果序明显下垂，浆果扁球形，成熟时紫黑色⑤。花期 6 ~ 8 月，果期 8 ~ 10 月。

　　原产于北美洲，现广泛分布于亚洲和欧洲，非洲也有引种栽培。1932 年在山东青岛有标本记录，可能于 20 世纪 30 年代作为药用植物或观赏植物首次引入山东青岛。中国南北各省区多有分布，广泛分布于华东各地，常侵入草地、林缘及疏林下，且可入侵至自然生境如森林生态系统中，于 2016 年被列入中国自然生态系统外来入侵物种名单（第四批）。

　　相似种：商陆（*Phytolacca acinosa* Roxburgh）　花序粗壮，花多而密⑥；果序直立。国产种，曾广泛分布于全国各地，现在其种群已急剧缩小，较为少见。另外还有原产于热带美洲，归化于广东、台湾和云南的**二十蕊商陆**（*Phytolacca icosandra* Linnaeus），具直立的总状花序，其雄蕊数目为 12 ~ 20 枚；结实量巨大，具有较强入侵风险。

蒜香草科 **Petiveriaceae**

	状态
中国	归化
华东	归化

蒜香草　　蒜香草　　蒜香草属 *Petiveria*

***Petiveria alliacea* Linnaeus**

多年生草本或亚灌木，全株散发强烈蒜味。见于路边草地和林缘①。叶互生，狭椭圆形至椭圆状卵形，全缘，上面羽状脉明显②。穗状花序腋生或顶生，细长，弯曲至俯垂③，有时具分枝④；花被片4枚，狭长圆形，具纵脉，白色⑤，花后变淡绿色并形成深绿色中肋，紧贴瘦果。瘦果棍棒状长圆形⑥，顶端具4裂片，每裂片背面各具一反折的芒状刺。花果期4～11月。

原产于热带美洲，在非洲西部和印度有引种，归化于贝宁、尼日利亚和东亚。据记载，中国科学院西双版纳热带植物园曾于2001年引种栽培，种源地为巴西。2009年在福建厦门鼓浪屿发现该种有分布，当时群落面积仅1 m²，至2012年已达12 m²。不同于云南的种群，福建的种群应为无意带入，目前分布区尚窄。在华东地区仅分布于福建厦门。

紫茉莉科 Nyctaginaceae

	状态
中国	归化
华东	偶有逸生

叶子花 毛宝巾、九重葛、三角花 叶子花属 *Bougainvillea*

Bougainvillea spectabilis Willdenow

常绿藤状灌木①，可通过藤蔓向周围不断蔓延②。枝叶密生柔毛，刺腋生、下弯。苞片椭圆状卵形，基部圆形至心形，淡紫红色，成熟时较花长③；花被管密生柔毛，黄色，呈狭筒形④。花期自8月可持续开放至翌年6月，几乎不结实。

原产于巴西，19世纪初作为观赏植物引入欧洲。据记载该种于1872年由马偕博士自英国引入中国台湾栽培，20世纪30年代即已落户厦门，之后在华南各地广为栽培。如今全国各地均有种植，在华东地区的福建和江西南部可露地越冬，并偶有逃逸。

相似种：光叶子花（*Bougainvillea glabra* Choisy） 叶无毛或疏生柔毛。苞片长圆形或椭圆形，成熟时与花近等长；花被管疏生柔毛。光叶子花与叶子花均原产巴西，品种众多，作为观赏植物广为种植⑤。

紫茉莉　胭脂花、粉豆花、夜饭花、状元花、野丁香　**紫茉莉属** *Mirabilis*

Mirabilis jalapa **Linnaeus**

	状态
中国	入侵
华东	入侵

　　一年生草本，茎节稍膨大。常生于路边荒地和房前屋后①。叶对生，卵形或卵状三角形，顶端渐尖②。花常数朵聚伞状簇生于枝端，色彩丰富③；花冠高脚碟状，花丝伸出花外④。瘦果近球形，熟时黑色，表面具皱纹，形似地雷⑤。花期 6 ~ 10 月，果期 8 ~ 11 月。单花花期为 2 ~ 3 天，大部分花集中在 16：00 之后开放。

　　原产于热带美洲，广泛归化于世界热带至温带地区。"紫茉莉"一名到明代晚期才出现，见于陈继儒（1558—1639）手订的《重订增补陶朱公致富全书》卷二《花部》："紫茉莉，一名状元红。"紫茉莉在 1533 年西班牙人征服秘鲁之后第一次传播至欧洲，之后葡萄牙人于 1553 年攫取了在澳门的居住权，西班牙人于 1565—1571 年陆续占领菲律宾群岛，并开始与中国内陆地区进行贸易活动，因此紫茉莉应为这一段时期或稍晚（明代万历末年至崇祯年间）才传入中国华南或东南沿海。华东各地均有分布。

落葵科 **Basellaceae**

	状态
中国	入侵
华东	入侵

落葵薯 藤三七、川七、心叶落葵薯、洋落葵、土三七 **落葵薯属** *Anredera*

Anredera cordifolia **(Tenore) Steenis**

　　多年生缠绕草本。常见于房前屋后、林缘和灌木丛等处①。叶具短柄，基部圆形或心形，全缘②，稍肉质，叶腋常具珠芽③。总状花序具多数花，花序轴纤细④，花被片白色，渐变黑，顶端钝圆⑤。果实和种子均未见。花期 6 ~ 10 月，其珠芽在华南地区 3 月即开始萌发。

　　原产于南美洲的中部与东部地区，从巴拉圭至巴西南部和阿根廷北部，作为观赏植物在世界热带地区广泛栽培。1926 年在江苏南京有标本记录，最早于 20 世纪 20 年代作为观赏植物首次引入南京栽培，也有学者认为该种于 20 世纪 70 年代从东南亚引种，说明存在多次引种的过程。如今在江西南部、浙江中南部和福建已造成入侵，严重危害本土植物生长，于 2010 年被列入中国第二批外来入侵物种名单。

　　相似种：短序落葵薯 [*Anredera scandens* (Linnaeus) Smith] 总状花序短而粗壮。原产于热带美洲，中国福建、广东有栽培，较少见。

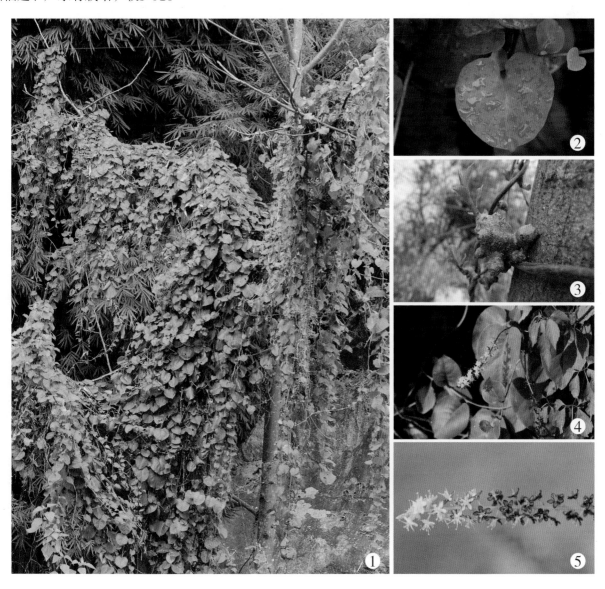

落葵 木耳菜、藤菜、豆腐菜、篱笆菜、胭脂菜、潺菜 落葵属 *Basella*

Basella alba Linnaeus

	状态
中 国	归化
华 东	归化

　　一年生缠绕草本。作为蔬菜被广泛种植于房前屋后或菜园内①。叶近圆形，基部微心形，下延成叶柄②。穗状花序腋生③，花被片淡红色或淡紫色，下部白色，连合成筒④。果实球形，红色至深红色或黑色⑤，多汁液，外包宿存小苞片及花被。花期5～9月，果期7～10月。

　　原产于亚洲热带地区，世界热带与亚热带地区广为栽培。中国各地均有引种，公元前300年即有相关的栽培记载。汉末《名医别录》（约200年）是最早记录"落葵"一名的：落葵，一名天葵，一名繁露。陶弘景在《本草经集注》（约480—498年）写道："落葵又名承露。人家多种之。叶惟可蒸鲊食，冷滑。"可见其作为蔬菜的栽培历史悠久，华东各地均有种植，偶有逸为野生。

	状态
中国	入侵
华东	入侵

土人参科 **Talinaceae**

土人参 栌兰、假人参、土高丽参、红参、土洋参 **土人参属 *Talinum***

Talinum paniculatum (Jacquin) Gaertner

一年生或多年生肉质草本。常栽培于庭院或菜园，逸为野生者常生于房前屋后、路边墙角或山麓岩石旁①。主根粗壮，圆锥形，形如人参②。叶互生或近对生，稍肉质，扁平③。圆锥状花序大型，花序梗长④，花小，直径约 6 mm，淡红色或紫红色，雄蕊多数⑤。蒴果近球形，3 瓣裂。花期 6~8 月，果期 9~11 月。

原产于热带美洲至美国西南部，美洲、非洲南部、东南亚和太平洋的许多岛屿均有栽培或逸生，甚至形成入侵。1898 年在台湾台北八芝兰（今台北市北士林区）有标本记录，可能于 19 世纪末期作为药用植物或观赏植物首次引入台湾，并从福建传入中国大陆。如今在南北各地多有栽培，亦常见于华东各地，且已形成稳定种群。

相似种：棱轴土人参 [*Talinum fruticosum* (Linnaeus) Jussieu]　花序为总状或聚伞状，花序轴三棱形，花与蒴果均远大于土人参⑥⑦。原产于墨西哥、加勒比地区、中美洲以及南美洲的大部分地区，中国台湾、华南地区有栽培并逸为野生，在台湾苗栗被列为重要外来入侵植物之一。

	状态
中国	归化
华东	归化

马齿苋科 Portulacaceae

大花马齿苋 半支莲、洋马齿苋、太阳花、松叶牡丹 马齿苋属 *Portulaca*

***Portulaca grandiflora* Hooker**

一年生草本。喜开阔生境，常生于路边荒地和房前屋后①。叶片细圆柱形，集生于枝顶②。花单生或数朵簇生枝端，色彩丰富艳丽，花大，直径 2.5～4 cm，花丝紫色③。蒴果近椭圆形④，盖裂；具多数种子，铅灰色，表面具瘤状凸起⑤。花期 6～9 月，果期 8～11 月。

原产于阿根廷、巴西南部和乌拉圭，作为观赏植物被引种至世界各地栽培，常有逸生。20 世纪初自日本首次引入台湾种植，现广泛栽培于中国南北各地，华东地区亦常见栽培，并归化于各地。

相似种：环翅马齿苋（*Portulaca umbraticola* Kunth） 常被错误鉴定为大花马齿苋或其变种，原产于美洲，作为观赏植物引种栽培于中国华东至华南地区，偶有逸生。该种为一年生草本，叶片扁平肥厚，呈倒卵形，而非棍棒状，蒴果基部在果时增大形成环翅⑥，与其他种有明显区别。近年来栽培面积逐渐扩大，喜温暖湿润、光照充足的环境，耐热、耐旱、耐贫瘠，不耐寒。花果期 5～9 月。

毛马齿苋 多花马齿苋、午时草、松毛牡丹 马齿苋属 *Portulaca*

Portulaca pilosa Linnaeus

	状态
中国	入侵
华东	归化

一年生或短期多年生草本，肉质多汁。常见于干燥的干扰生境，如海边沙地①和房前屋后②。叶片近圆柱状，叶腋内有长疏柔毛，茎上部密生柔毛③。花小，直径约 2 cm 或更小，深紫红色，花丝洋红色④。蒴果卵球形，盖裂，具多数种子，深褐色，有时略带紫色⑤。花果期 5～8 月，在华南地区可全年开花结果。

原产于南美洲至北美洲南部，广泛分布于世界泛热带地区。早期未见关于该种的引种栽培记录，1907年在台湾台东有标本记录，其标本也都采自野外自然生境，因此该种可能为无意带入，传入时间为 1900年或更早，首次传入地为台湾。主要分布于华南地区，福建沿海也有归化种群。

仙人掌科 **Cactaceae**

	状态
中国	入侵
华东	归化

仙人掌　仙巴掌　**仙人掌属** *Opuntia*

Opuntia dillenii (Ker-Gawler) Haworth

灌木，高 1～3 m。常生于沿海地带或路边草丛①。茎下部木质，圆柱形，上部具分枝，上部茎扁平肉质，倒卵形至椭圆形②。小窠刺较多，具刺 1～12 枚，粗钻形，黄色，基部略扁，稍弯曲③。花被片黄色④，花丝淡黄色⑤，花柱直立。浆果卵形或梨形，顶端凹陷⑥，成熟时紫红色。花果期 6～10 月。

原产于加勒比海地区，广泛归化于世界热带地区，温暖地带广泛栽培。陈淏子的《花镜》（1688 年）首次记载仙人掌，称其出自闽粤，之后《岭南杂记》（约 1702 年）亦有记载，当时南方地区已常见栽培。仙人掌于明朝末年作为围篱引入中国闽粤地区之后，又作为观赏植物在中国南北各地栽培，华东地区亦多有栽培，并常有逸生，影响海岸原有生态系统及其景观，被列入"世界上最严重的 100 种外来入侵物种"。

匐地仙人掌　圆武扇　仙人掌属 *Opuntia*

Opuntia humifusa (Rafinesque) Rafinesque

	状态
中国	归化
华东	归化

灌木，匍匐或略上升，常形成大而密集的群体①。见于砾石旁或山坡草丛②。茎扁平肉质，椭圆形至近圆形，深绿色，冬季变红，表面常皱缩③。小窠内无刺，但具大量倒刺刚毛④。花被片黄色，花丝黄色或黄绿色，柱头白色⑤。浆果较小，长椭圆形，基部渐狭成柄状，成熟时红色⑥。花期 5 ~ 7 月，果期 7 ~ 11 月。

原产于北美洲，分布于美国中南部与东部地区。在中国未见该种的引种记录，也未见文献记载，引入时间及方式不详，目前仅在山东省沂蒙山区有分布，在山坡砾石草丛中形成较大面积的种群，其肉质茎易生不定根⑦，可以此进行营养繁殖。有学者于 2020 年报道了二色仙人掌（*Opuntia cespitosa*）归化于江苏句容虬山，经笔者实地考察并比对模式标本，发现该地分布的仙人掌叶状茎椭圆形，无白霜，无针状刺，除了花瓣基部淡红色与匐地仙人掌稍有差异外，其余均无差别⑧。美国学者在研究其原产地纽约地区的仙人掌属植物时，发现该区域的匐地仙人掌花色有黄色和黄色基部淡红两种。因此，我们认为山东与江苏两地分布的可能为同一种，即匐地仙人掌。上述 2 种均属于仙人掌属中的 *Humifusa* 分支，亲缘关系较近，分子生物学研究表明上述两地分布的为该种的不同生态型（尚未发表）。

单刺仙人掌 绿仙人掌、月月掌 仙人掌属 *Opuntia*

Opuntia monacantha Haworth

	状态
中国	入侵
华东	偶有逸生

灌木或小乔木，高可达 7 m①。常生于海边、石灰岩山地或山坡开阔地。树干圆柱状，粗壮多分枝②，上部的茎倒卵形至长圆形，扁平肉质。小窠具短绵毛、倒刺刚毛和刺，刺针状，单生或 2（~3）枚聚生，白色③。花被片深黄色，花丝淡绿色，柱头黄白色④。浆果倒卵球形，顶端凹陷，成熟时紫红色⑤。花果期 4~8 月。

原产于南美洲，广泛归化于世界热带和亚热带地区。刘文征的《滇志》（1625 年）中有著录，早期在云南作围篱或花卉引种栽培，之后该种在南方各地常作为围篱栽培或种在墙头以防火灾。该种于明末引入云南之后，又作为观赏植物在中国南北各地栽培，华东地区亦多有种植，在浙江和福建有逸生。

相似种：梨果仙人掌 [*Opuntia ficus-indica* (Linnaeus) Miller] 小窠通常无刺⑥，有时具刺 1~6 枚，白色，小窠内短绵毛早落。原产于加勒比海地区，于明代万历年间（1573—1620 年）引入云南，现全国各地栽培，归化于西南地区。

凤仙花科 **Balsaminaceae**

	状态
中国	归化
华东	归化

凤仙花　指甲花、急性子、凤仙透骨草　**凤仙花属 *Impatiens***

Impatiens balsamina Linnaeus

　　一年生草本。常生于公园绿地、房前屋后或路边草地①。茎粗壮直立，稍肉质②。叶互生，披针形、狭椭圆形或倒披针形，边缘有锐锯齿③。花单生或 2 ~ 3 朵簇生于叶腋，无总花梗，白色、粉红色或紫色④。蒴果宽纺锤形，两端尖，密被柔毛⑤，成熟时开裂将种子弹出。花果期 6 ~ 10 月。

　　原产于南亚至东南亚，广泛栽培于世界各地。唐代段公路的《北户录》（871 年）记载："指甲花，细白色，绝芳香，今蕃人种之。"《北户录》是一部唐代岭南中国风土录，由此可知，凤仙花最迟在唐代就已作为观赏植物传入中国岭南地区。如今南北各地均有栽培，在华东地区分布尤为广泛。

茜草科 **Rubiaceae**

	状态
中国	归化
华东	归化

双角草　维州钮扣草、大钮扣草　双角草属 *Diodia*

***Diodia virginiana* Linnaeus**

　　多年生草本。见于湖边或河边堤坝①。茎匍匐或上升，具明显4棱②。叶对生，椭圆状披针形至倒披针形，全缘，边缘具短毛③，叶柄短。花单生叶腋，无梗，花萼裂片2，线状披针形；花冠裂片4，白色，表面密被长毛④，花背面无毛，花冠管纤细⑤。果木栓质，椭圆形，有8条隆起的棱脊，密被长柔毛⑥。花果期8~9月。

　　原产于北美洲的中部至东部，归化于墨西哥、中美洲和日本。1987年在台湾新竹有分布报道，可能是随货物、人类活动或水流从日本传入，于2013年在安徽省有标本记录。目前该种分布范围有限，仅分布于台湾、安徽芜湖和六安，但其生长状况良好，能正常开花结果。

睫毛坚扣草　圆茎钮扣草、山东丰花草　号扣草属 *Hexasepalum*

Hexasepalum teres (Walter) J.H. Kirkbride

	状态
中国	归化
华东	归化

　　一年生草本。见于路边山坡、草丛、河漫滩或海边沙地①。茎直立或斜生，圆柱形，微具 4 棱②。叶对生，无柄，线状披针形，边缘粗糙，具短缘毛，稍反卷③；叶柄间的托叶长睫毛状④。花单生叶腋，无梗，花萼裂片 4，卵状披针形，不等长；花冠粉红色，漏斗状，4 裂⑤。果椭圆形，包于宿存花萼内，成熟时分裂为 2 枚小坚果⑥。花果期 6 ~ 10 月。

　　原产于北美洲，归化于北非、马达加斯加和东亚。1982 年在山东青岛有标本采集，1985 年根据该标本发表新种**山东丰花草**（*Borreria shandongensis* F. Z. Li et X. D. Chen），并被《中国植物志》收录，后经考证该种实为睫毛坚扣草的误鉴定，可能是随货物或水流从日本传入山东沿海。该种目前分布于江西九江（2020）、安徽蚌埠（2019）、福建金门（2002）、江苏连云港（2008）、浙江温州（2008）和山东青岛等地。

盖裂果　硬毛盖裂果　盖裂果属 *Mitracarpus*

Mitracarpus hirtus (Linnaeus) Candolle

	状态
中国	入侵
华东	入侵

　　多年生草本。常生于公园绿地或路边荒地①。茎下部近圆柱形，微木质化，上部微具棱②。叶对生，长圆形或披针形，边缘粗糙③；托叶鞘形，顶端刚毛状。花小，簇生于叶腋内，密集成团伞状或头状，花萼裂片4，不等长④；花冠漏斗形，先端4裂，黄白色⑤。蒴果近球形，成熟时周裂成盖。花果期4~7月。

　　原产于美洲热带地区，归化于热带非洲、亚洲、澳大利亚和太平洋岛屿。1980年在海南万宁有标本记录，随人类活动无意带入，2002年在北京也采到该种标本，但主要分布于华南和西南地区，有时入侵旱作农田和公园草坪。在华东地区分布于江西赣州和福建南部。

巴西墨苜蓿　　巴西拟鸭舌癀、墨苜蓿　　墨苜蓿属 *Richardia*

Richardia brasiliensis Gomes

	状态
中国	入侵
华东	入侵

一年生草本。常生于路边荒地、种植园或海边沙地①。叶对生，厚纸质，卵状宽椭圆形，两面均被短硬毛②。花序顶生，多数小花密集成头状，基部具 1 或 2 对叶状总苞③。花冠漏斗状，裂片 6，花瓣白色④。小坚果倒圆锥形至卵形，密被短糙毛和乳头状凸起，具浅沟槽⑤⑥。花果期 4~9 月。

原产于南美洲，分布于亚洲、非洲的热带和亚热带地区以及太平洋的一些岛屿。1958 年在海南省海口市有标本记录，1978 年在广东省也有发现，可能由其种子随人类活动无意带入，主要分布于华南地区，常入侵种植园或旱地作物。在华东地区分布于浙江南部和福建。

相似种：墨苜蓿（*Ricardia scabra* Linnaeus）　叶片较巴西墨苜蓿窄，植株较高大，蒴果表面几乎光滑无毛，具深的沟槽。原产于美洲热带地区，在中国尚未见有确切分布，但长期以来巴西墨苜蓿均被误鉴定为墨苜蓿。

田茜 雪亚迪草、野茜 田茜属 *Sherardia*

Sherardia arvensis Linnaeus

	状态
中国	归化
华东	归化

　　一年生草本。见于路边荒地、草丛、河岸边或湿地处①。茎具4棱，被短硬毛②，多分枝。叶4~6片轮生，无柄，披针形，全缘，具缘毛，中脉在叶面下凹③。聚伞花序顶生或腋生，每花序具2~3朵小花，花序下部常6~8枚苞片基部合生成总苞④；花小，花冠漏斗状，4裂，裂片卵形，平展，粉红色至紫色，基部白色，花药紫色⑤。小坚果卵形，常具2分果爿，花萼宿存⑥。花期5~6月，果期7~10月。

　　原产于欧洲至西亚，归化于美洲、夏威夷群岛、澳大利亚、新西兰和日本。1991年在台湾南投首次发现该种，为无意带入，于1999年报道在中国台湾归化。2013年在湖南长沙也有发现，为中国大陆首次记录，后又发现于湖北宜昌。在华东地区分布于江苏苏州、山东威海和浙江杭州天目山，上海也曾有发现，具有一定的入侵风险，需加强管控并监测其动态。

阔叶丰花草　四方骨草　**丰花草属 Spermacoce**

Spermacoce alata Aublet

	状态
中 国	入侵
华 东	入侵

　　多年生草本。常生于水沟边、山坡草丛或路边荒地①。茎四棱柱形，棱上具狭翅②。叶椭圆形或卵状长圆形，边缘全缘，常波状③。花数朵丛生于托叶鞘内，无梗②；花冠漏斗状，白色至淡紫色，顶端4浅裂④。蒴果椭圆形，表面密被柔毛⑤。花果期5～10月。

　　原产于南美洲热带地区，广泛分布于中美洲（安的列斯群岛）、墨西哥、澳大利亚、非洲和东南亚。1937年作为军马饲料引进广东省，20世纪70年代曾作为地被植物栽培，之后扩散到海南、香港和台湾等地，主要分布于华南地区，常入侵各种种植园和农田，具化感作用，危害严重。在华东地区分布于福建、江苏苏州、江西和浙江。

光叶丰花草　耳草　丰花草属 *Spermacoce*

Spermacoce remota Lamarck

	状态
中国	入侵
华东	归化

　　多年生草本。常生于农田、果园、路旁或草丛等处①。茎近圆柱状至截面近正方形，具槽或棱②。叶狭椭圆形至披针形，光滑无毛，具光泽③。花序顶生或着生于上部叶腋，具多数花。花冠漏斗状，花瓣白色，顶端 4 裂④。蒴果椭圆形，具微糙硬毛或柔毛⑤⑥。花期 6~9 月，果期 8~12 月。

　　原产于南美洲热带地区，分布于澳大利亚、中美洲和东南亚地区。1987 年首次在中国台湾被报道，2010 年作为中国大陆新记录种在云南有分布报道，为无意带入，目前主要分布于云南和华南地区，有时入侵农田和果园。在华东地区则仅见于福建省南部。

夹竹桃科 Apocynaceae

	状态
中国	入侵
华东	归化

长春花 雁来红、四时春、四季梅、五瓣梅　**长春花属** *Catharanthus*

Catharanthus roseus (Linnaeus) G. Don

　　多年生草本。常生于林缘灌丛、海边沙地或路边荒地①。叶对生，倒卵状矩圆形，全缘或微波状②。聚伞花序顶生或腋生，具小花 2 ~ 3 朵，花冠高脚碟状，花瓣红色、粉红色、白色或黄色，花冠裂片 5 ③。蓇葖果 2 个，直立，平行或略叉开，微被柔毛④。花果期 5 ~ 10 月。

　　原产于非洲东部的马达加斯加，作为观赏花卉栽培于世界大部分地区，归化于世界热带和亚热带地区。1861 年在香港有分布记载，作为观赏植物有意引入，后自华南地区扩散至长江流域，北方地区的室内亦常见栽培，已培育出多个品种⑤⑥，但其植株有毒，在海南已造成入侵，常形成高密度种群，并入侵农田。华东地区常见栽培，归化于福建、江西南部和浙江南部，其他地区偶有逸生。

	状态
中国	入侵
华东	入侵

旋花科 **Convolvulaceae**

原野菟丝子　田野菟丝子、野地菟丝子　菟丝子属 *Cuscuta*

Cuscuta campestris Yuncker

一年生寄生草本。常见于路边草丛①。茎细丝状分枝，黄色或橘黄色②。圆锥花序球形，较疏散③。花冠坛状，白色，长于花萼，5 深裂，裂片三角形，在花后常反折④；花冠筒内的鳞片边缘具长流苏；花柱 2 个，柱头不伸长，头状，花柱和柱头与子房等长。蒴果近球形，顶部微凹⑤，成熟时不规则开裂。花期 7 ~ 8 月，果期 8 ~ 9 月。

原产于北美洲，广泛分布于世界亚热带至温带地区。1958 年在新疆吐鲁番有标本记录，为无意带入，20 世纪 80 年代以来，在新疆天山南北各地迅速蔓延，1986 年在福建省福州市郊区亦有分布记录。目前零星分布于华南至西北地区，常寄生于各种农作物中，危害作物生长。在华东地区分布于福建和浙江，分布范围有限。

相似种：南方菟丝子（ *Cuscuta australis* R. Brown ）　花冠裂片卵状或长圆形，花后通常直立而不反折。该种为国产种，广泛分布于南北各省区。

五爪金龙　五爪龙　番薯属 *Ipomoea*

Ipomoea cairica (Linnaeus) Sweet

	状态
中国	入侵
华东	入侵

　　多年生攀缘缠绕性藤本植物。常生于房前屋后、荒地、灌丛或林缘①。叶掌状深裂，基部裂片通常再2裂，呈指状排列②。花序具1至数花，萼片无毛，具小疣状突起，花冠漏斗状③，粉红色或紫红色，稀白色④。蒴果球形，成熟时4瓣裂⑤。花果期夏季至秋季。

　　原产地不确定，可能为热带非洲或热带亚洲，也有学者认为源于美洲，广泛分布于北半球热带至南亚热带地区，南美洲也有分布。1912年在香港已有分布记载，作为观赏植物有意引入，1918年在福建省福州市有标本记录，分布于华南至西南地区，繁殖力和攀缘能力强，对农林业生产及自然生态系统均造成巨大危害，于2016年被列入中国自然生态系统外来入侵物种名单（第四批）。在华东地区仅分布于福建和江西赣州。

橙红茑萝　圆叶茑萝　番薯属 *Ipomoea*

Ipomoea coccinea Linnaeus

	状态
中国	归化
华东	归化

　　一年生缠绕草本。见于公园绿地或路边草丛①。叶心形，全缘②，或边缘为多角形③，或有时多角状深裂。聚伞花序腋生，有花 3～6 朵，花冠高脚碟状，管细长④，橙红色，喉部带黄色，冠檐 5 浅裂⑤。蒴果小，球形。花期 6～8 月，果期 8～10 月。

　　原产于美洲，广泛归化于世界热带、亚热带和部分温带地区。1937 年出版的《中国植物图鉴》就有记载，1942 在陕西省眉县有标本记录，作为观赏植物有意引入，南北各省区多有栽培并归化。华东地区亦常见种植，并归化于各地。

毛果甘薯 心叶番薯 番薯属 *Ipomoea*

Ipomoea cordatotriloba Dennstaedt

	状态
中国	归化
华东	归化

　　一年生缠绕草本。见于路边荒地或房前屋后①。叶宽卵形或近圆形，通常 3 中裂，稀浅裂或不裂，基部深心形②。聚伞花序有小花 3 ~ 7 朵，花冠漏斗状，直径可达 4 cm ③，淡紫色，喉部深紫色④。蒴果近球形，密被柔毛。花果期 9 ~ 11 月。

　　原产于美国东南部、墨西哥至南美洲，归化于加勒比地区。2011 年在浙江普陀山被首次发现，2014 年笔者在浙江省舟山市岱山县也发现有分布，无引种栽培记录，可能随进出口贸易或旅行等人类活动无意带入。目前仅归化于浙江省宁波市和舟山市。

瘤梗甘薯　　番薯属 *Ipomoea*

Ipomoea lacunosa Linnaeus

	状态
中国	入侵
华东	入侵

　　一年生缠绕草本。常生于荒野旷地、村旁田边或山坡林缘①。叶卵形至宽卵形，基部心形，全缘或 3 裂，有时具 1 ~ 3 个拐角状齿②。聚伞花序腋生，有花 1 ~ 3 朵，花梗具明显棱，具瘤状突起③。花冠漏斗状，常为白色，有时淡红色或淡紫红色，花药紫红色④。蒴果近球形，中部以上被毛⑤，成熟时 4 瓣裂。花期 5 ~ 8 月，果期 8 ~ 11 月。

　　原产于北美洲，归化于中国。1983 年在浙江台州有标本记录，2006 年首次被视为入侵植物报道，无该种的引种栽培记录，应为无意带入。目前主要分布于华东至华北地区，有时入侵农田与果园，有可能演化为恶性杂草，值得警惕。华东地区各省市均有分布。

七爪龙　　番薯属 *Ipomoea*

Ipomoea mauritiana Jacquin

	状态
中 国	归化
华 东	归化

　　多年生大型缠绕草本。见于疏林下或林缘①。茎圆柱形，有细棱，缠绕生长②。叶掌状 5～7 裂，深裂至中部以下，裂片披针形或椭圆形，全缘或不规则波状③。聚伞花序腋生，花冠漏斗状，淡红色或紫红色④，花冠管圆筒状。蒴果卵球形，成熟时 4 瓣裂。花果期夏季至秋季。

　　原产地尚不明确，可能原产于美洲热带地区，如今为泛热带分布。1917 年在广州市有标本记录，1965 年在云南也有分布记载，作为观赏藤本有意引入，华南至西南地区的多数公园或植物园有栽培，并有归化种群，覆盖能力强，值得警惕。在华东地区则仅见于福建省南部。

牵牛　喇叭花、筋角拉子、大牵牛花　番薯属 *Ipomoea*

Ipomoea nil (Linnaeus) Roth

	状态
中国	入侵
华东	入侵

一年生缠绕草本。常生于房前屋后、田间地头或路边荒地①。叶宽卵形或近圆形，基部心形，通常 3 浅裂至深裂②。花腋生，单一或数朵着生于花序梗顶端，花冠漏斗状，蓝紫色或紫红色，花冠管色淡③。蒴果近球形，成熟时 3 瓣裂④。花期 6～9 月，果期 9～10 月。

原产于美洲，广泛分布于世界热带、亚热带和部分温带地区。汉末《名医别录》（约 200 年）即有牵牛子入药的记载，明末高濂所著《草花谱》（1591 年）记载江浙一带作花卉栽培。分子生物学证据显示，牵牛起源于美洲，它有一个从非洲经南亚到东亚的传播过程，因此，该种可能通过某种尚未查明的方式（比如候鸟的偶然携带）跨越大西洋传到了非洲，再随着人类的迁徙陆续传入南亚、东亚。如今已广泛分布于中国南北各地，有时入侵农田和公园绿地。广泛分布于华东地区。

有学者认为牵牛应该划分出三个种：**牵牛**、**裂叶牵牛**（*Ipomoea hederacea* Jacquin）和**变色牵牛** [*Ipomoea indica* (J. Burman) Merrill]。其中**裂叶牵牛**的叶片 3～5 裂，且叶裂处弧形内凹⑤⑥；**变色牵牛**的叶片大型，花数朵聚生成伞形聚伞花序，多可达十几朵⑦。但分子生物学证据支持上述三者与**圆叶牵牛**应为同一种的不同生态型，此处按**牵牛**与**圆叶牵牛**两种处理。

圆叶牵牛 紫花牵牛、牵牛花、喇叭花、连簪簪、打碗花 番薯属 *Ipomoea*

Ipomoea purpurea (Linnaeus) Roth

		状态
中国		入侵
华东		入侵

　　一年生缠绕草本。常生于房前屋后、田间地头或路边荒地①。叶宽卵形或近圆形，基部心形，全缘②。花腋生，单一或 2~5 朵着生于花序梗顶端，花冠漏斗状，色彩丰富，常为紫色③，也有红色、白色或杂色，花冠管通常白色④⑤。蒴果近球形，成熟时 3 瓣裂。花期 6~9 月，果期 9~10 月。

　　原产于美洲，广泛分布于世界热带、亚热带和部分温带地区。据记载该种于 1890 年已有栽培，但尚不可考。1929 年在上海有标本记录，作为观赏花卉引入栽培，如今全国各地均有分布，为农田及庭院常见杂草，于 2014 年被列入中国外来入侵物种名单（第三批）。广泛分布于华东地区。

茑萝　茑萝松、羽叶茑萝　番薯属 *Ipomoea*

	状态
中国	入侵
华东	入侵

Ipomoea quamoclit Linnaeus

　　一年生缠绕草本。常生于房前屋后、田间地头或路边荒地①。羽状深裂至中脉，裂片线形②，叶基部常具假托叶。花序腋生，由数朵花组成聚伞花序，花冠高脚碟状③，深红色，冠檐开展，5浅裂，呈星形④。花梗在果时增厚成棒状⑤，蒴果卵形，成熟时4瓣裂，隔膜宿存⑥。花期7~9月，果期8~10月。

　　原产于美洲热带地区，广泛分布于世界热带、亚热带和部分温带地区。清代康熙年间的《花历百咏》（1711年）以及之后的《植物名实图考》（1848年）均有记载，作为观赏花卉有意引入，最迟在清朝初年就已传入，首次传入地可能为福建。如今南北各地常见栽培并归化，有时入侵果园及农田。华东地区亦多有种植，并广泛归化于各处。

三裂叶薯　小花假番薯　番薯属 *Ipomoea*

Ipomoea triloba Linnaeus

	状态
中国	入侵
华东	入侵

　　一年生缠绕草本。常生于房前屋后、田间地头或路边荒地①。叶宽卵形至圆形，全缘或有粗齿或深 3 裂，基部心形②。一至数朵花形成聚伞花序，腋生，花冠漏斗状，淡红色或淡紫红色③，本种与瘤梗甘薯相似，唯本种花药为白色④。蒴果近球形，被细刚毛⑤，成熟时 4 瓣裂。花期 7～9 月，果期 8～10 月。

　　原产于美洲热带地区，广泛分布于世界热带、亚热带和部分温带地区。1921 年在澳门有标本记录，1950 年在广州也有发现，2004 年归化于台湾，无引种栽培记录，应为无意带入。目前分布于华南至长江流域各省市，常入侵农田、果园及其他经济林。广泛分布于华东地区。

苞叶小牵牛 头花小牵牛、长梗毛娥房藤 小牵牛属 *Jacquemontia*

Jacquemontia tamnifolia (Linnaeus) Grisebach

	状态
中国	归化
华东	归化

一年生缠绕草本。见于路边空地或公园绿地①。叶卵形至阔卵形,全缘,基部心形②。聚伞花序,排列成密集的头状,具叶状苞片③。花冠漏斗状,5 裂,蓝色或近白色④。蒴果球形,被宿存的苞片与萼片所包被,萼片被黄褐色长硬毛⑤。花果期 7 ~ 11 月。

原产于美洲热带地区,归化于亚洲和非洲热带地区。1981 年在广州市麓湖草地有标本记录,1984 年在台湾也有分布记载,1995 年被作为东南地区外来杂草报道,无引种栽培记录,应为无意带入。目前其分布范围有限,零星分布于华南至华东地区。在华东地区见于江西(南昌和宜春)和山东烟台。

	状态
中国	入侵
华东	入侵

茄科 **Solanaceae**

毛曼陀罗　软刺曼陀罗、毛花曼陀罗　**曼陀罗属** *Datura*

Datura innoxia Miller

　　一年生草本或半灌木状。常生于路边荒地、向阳山坡或房前屋后①。全体密被细腺毛和短柔毛。叶广卵形，基部不对称，边缘微波状或有不规则的浅齿②。花单生于枝杈间或叶腋，花萼筒状而不具棱角，向下稍膨大，花冠长漏斗状，开放后呈喇叭状，白色③。蒴果俯垂，近球状或卵球状，密生细针刺④；成熟时不规则开裂，种子褐色⑤。花果期 6~11 月。

　　原产于美洲热带和亚热带地区，广泛分布于世界热带至温带地区。1905 年在北京市海淀区玉泉山有标本记录，1955 年在《药学学报》中记载了其药用价值，作为药用植物或观赏植物有意引入，广泛栽培于南北各地，有时入侵旱作物田、果园和苗圃。华东地区常见栽培，在安徽、江苏、山东、上海和浙江等地逸为野生。

洋金花 白花曼陀罗、闹羊花、枫茄花、喇叭花 曼陀罗属 *Datura*

***Datura metel* Linnaeus**

	状态
中国	入侵
华东	归化

　　一年生草本或半灌木状。常生于路边荒地、向阳山坡或房前屋后①。全体无毛或仅幼嫩部分有稀疏短柔毛。叶广卵形，基部不对称，边缘微波状或有不规则的浅齿②。花单生于枝杈间或叶腋，花萼筒状而不具棱角③，花冠长漏斗状，裂片顶端有小尖头，白色、黄色或浅紫色④。蒴果斜生至横向生，疏生粗短刺⑤，成熟时不规则4瓣裂⑥。花果期4~11月。

　　原产于中美洲地区，该种长期以来被广泛栽培于世界泛热带地区，因此其原产地有亚洲热带、西南亚、加勒比地区和中美洲等多种观点。《本草纲目》（1593年）中有记载，其"曼陀罗"实际为今之洋金花，首次引入地不详，可能于明代中后期作为药用或观赏植物自海路引入东南沿海，后逐渐传播至内陆地区，现南北各地常见栽培⑦，为华南地区常见杂草。华东地区亦有栽培，归化于浙江南部和福建。另外北宋司马光《涑水记闻》记载："……饮以曼陀罗酒，昏醉，尽杀之，凡数十人。"南宋周去非《岭外代答》记载："广西曼陀罗花，遍生原野，大叶白花，结实如茄子，而遍生小刺……"据此有学者认为该种可能原产于印度，于唐宋之际沿着云南和印度的通路传入中国，但现今的研究表明其原产于墨西哥，因此有矛盾之处，暂记于此，待后来之详细考证。

曼陀罗 紫花曼陀罗、欧曼陀罗、醉心花、狗核桃 曼陀罗属 *Datura*

Datura stramonium Linnaeus

	状态
中国	入侵
华东	入侵

一年生草本或半灌木状。常生于路边荒地、向阳山坡或房前屋后①。全体无毛。叶广卵形，基部不对称，边缘有不规则波状浅裂②。花单生于枝杈间或叶腋，花萼筒状，筒部有5棱角②，花冠漏斗状，檐部5浅裂，裂片有短尖头，上部白色或淡紫色③。蒴果直立生，具坚硬针刺或有时无刺而近平滑④，成熟时规则4瓣裂，种子黑色⑤。花果期6~11月。

原产于美洲热带地区，广泛分布于世界热带至温带地区。1901年在北京有标本记录，之后在河北多有记录，1910年在福建亦有分布，可能作为药用植物有意引入。如今南北各地均有栽培并归化，但其野生种群多分布于北方地区，该种常常入侵旱地作物田，植株对牲畜具毒性。广泛分布于华东地区，唯种群数量不大。

假酸浆 冰粉、水晶凉粉、蓝花天仙子、鞭打绣球 **假酸浆属** *Nicandra*

***Nicandra physalodes* (Linnaeus) Gaertner**

	状态
中国	入侵
华东	入侵

　　一年生草本。常生于房前屋后、路边荒地、沟渠边或山坡草丛①。叶卵形或椭圆形，基部楔形，边缘具粗齿或浅裂②。花单生于枝腋而与叶对生，花梗长，花萼5深裂，果时增大呈五棱状，包围果实③；花冠钟状，浅蓝色，5浅裂④。浆果球状，成熟时黄色，种子淡褐色⑤。花果期7~10月。

　　原产于秘鲁，广泛分布于世界热带至温带地区。1919年在云南昆明有标本记录，可能于20世纪初作为药用植物有意引入，该种的果实经水浸泡后可制作成凉粉，早期曾有栽培。如今广泛分布于南北各地，常成片生长，有时入侵耕地。广泛分布于华东地区。

苦蘵 灯笼泡、灯笼草 酸浆属 *Physalis*

Physalis angulata Linnaeus

	状态
中国	入侵
华东	入侵

　　一年生草本。常生于山坡林下或田边路旁①。全体近无毛或具疏短柔毛。叶卵形至卵状椭圆形，基部阔楔形，全缘或有不等大的牙齿②。花单生于叶腋或枝腋，花梗短于叶柄②，花冠淡黄色，喉部无斑或具少量淡紫色斑纹，花药蓝紫色或有时黄色③。果萼卵球状，薄纸质，具10纵肋④。花果期5~10月。

　　原产于美国至阿根廷，广泛分布于世界热带至温带地区。《本草纲目》（1593年）中就已有记载，首次引入地不详，可能于明代中后期自海路传入东南沿海地区，无栽培记录，由其种子混入货物中无意带入。如今广泛分布于南北各地，成为农田、宅旁及公园绿地的主要杂草之一。广泛分布于华东地区。

　　相似种：小酸浆（*Physalis divaricata* D. Don）　植株矮小，分枝横卧，花冠及花药常黄色，喉部无紫褐色斑⑤。为本土种，广泛分布于华南至华北地区。该种长期以来被错误鉴定为 *Physalis minima* Linnaeus 并且被广泛使用，而事实上该名称对应的物种不止1种。而美洲地区之前鉴定为 *P. minima* Linnaeus 的种实为**美洲小酸浆**（*P. lagascae* Roemer & Schultes），该种花冠喉部有淡褐色色斑，花梗长于叶柄，在江苏地区曾有标本记录，尚待进一步研究。

灰绿酸浆 灰绿毛酸浆 酸浆属 *Physalis*

Physalis grisea (Waterfall) M. Martínez

		状态
	中 国	归化
	华 东	归化

一年生草本。常生于房前屋后或田边路旁①。茎粗壮，被 0.5~1 mm 长的柔毛②。叶宽卵形，灰绿色，边缘具粗锯齿，基部阔圆形至心形，常具无柄的腺毛③。花单生于叶腋，被短柔毛，花冠黄色，喉部具 5 个大的深紫色的斑纹，花药蓝色④。果萼具明显的 5 棱⑤，浆果球形，直径约 2 cm ⑥。花果期 6~10 月。

原产于北美洲，归化于欧洲和亚洲。1926 年在吉林省梅河口有标本记录，作为食用植物有意引入，在东北地区有栽培并已归化，华北至华东地区亦有少量分布。在华东地区散见于福建福州、江西九江和浙江丽水等地。

我国的馆藏标本中鉴定为**毛酸浆**的标本，常混有部分**灰绿酸浆**，北方尤其是东北地区的标本大多为**灰绿酸浆**，在利用馆藏标本时需注意。

毛酸浆　洋姑娘　酸浆属 *Physalis*

Physalis pubescens Linnaeus

	状态
中国	入侵
华东	入侵

　　一年生草本。常生于房前屋后或田边路旁①。全体密生短柔毛。叶卵形或卵状心形，基部偏斜，常全缘或具少数粗锯齿②。花单生于叶腋，花冠钟状，淡黄色，基部有紫色斑纹，5 浅裂，裂片具缘毛③。浆果球形，果萼具明显的 5 棱④。花果期 5 ~ 11 月。

　　原产于墨西哥，广泛分布于北半球热带至温带地区。1927 年在海南有标本记录，为无意带入，1949 年在上海也有记录，之后沿长江流域逐渐扩散，主要分布于华中、华东及华南地区，常入侵农田或公园绿地。广泛分布于华东地区。

　　Flora of China 将**毛酸浆**的名称由 *Physalis pubescens* Linnaeus 修订为 *P. philadelphica* Lamarck。经核实发现 *P. philadelphica* Lamarck 的模式标本与我国所鉴定为 *P. pubescens* Linnaeus 的标本有明显差异，而果成熟时充满或胀破果萼是识别 *P. philadelphica* Lamarck 的重要特征，正确的处理应遵从《中国植物志》第 67 卷第 1 册。该种亦原产于美洲，在中国尚未发现有分布。

少花龙葵　光果龙葵、白花菜、古钮菜、扣子草　茄属 *Solanum*

Solanum americanum Miller

	状态
中 国	归化
华 东	归化

　　一年生草本。常生于路边草地、林缘或溪边①。叶卵形至椭圆形，近全缘、波状或有不规则的粗齿②。花序近伞形，常着生 1~6 朵花，花小，直径约 7 mm，花冠白色，顶端 5 裂，筒部隐于萼内③。浆果球状，直径 5~8 mm，幼时绿色，果萼反折④，成熟后黑色⑤。花果期几乎全年。

　　原产于南美洲，广泛分布于世界热带和温带地区。1935 年被作为新变种 *Solanum nigrum* var. *pauciflorum* Liou 发表，其标本于 1932 年采自海南三亚，随人类活动无意带入，目前南方地区均有分布，在广西和云南该种和龙葵（*Solanum nigrum* Linnaeus）的叶常被作为野菜食用。在华东地区散见于福建、江西、上海和浙江。

　　相似种：龙葵（*Solanum nigrum* Linnaeus）　植株较少花龙葵粗壮，花和浆果直径较大，花序为短的蝎尾状聚伞花序，具小花 4~10 朵⑥，果萼紧贴浆果或平展⑦。广泛分布于南北各地。

牛茄子 颠茄、番鬼茄、大颠茄、油辣果 **茄属 *Solanum***

Solanum capsicoides Allioni

	状态
中国	入侵
华东	入侵

　　多年生草本至亚灌木状。常生于疏林下、林缘或路边荒地①。茎及小枝、叶柄、叶脉具淡黄色细直刺②。叶阔卵形，5~7浅裂或半裂，裂片边缘浅波状③。聚伞花序腋外生，具小花1~4朵，花梗纤细；花冠白色，冠檐5裂，裂片披针形④。浆果扁球状，初为绿白色，成熟后橙红色，果柄具细直刺⑤。花果期5~10月。

　　原产于巴西，广泛分布于世界热带至南亚热带地区。1895年在香港有分布记录，1916年在广东有标本记录，为无意带入，主要分布于长江流域及其以南地区，为路旁和荒野杂草，有时入侵草地和农田，各植物志中均以 *Solanum surattense* Burman f. 记载该种。在华东地区分布于福建、江西和浙江。

北美刺龙葵　北美水茄　茄属 *Solanum*

Solanum carolinense Linnaeus

	状态
中国	归化
华东	归化

多年生草本。见于海边沙地或路边空地①。茎具分散、坚硬而尖锐的刺②。叶长椭圆形，边缘呈波浪形或深裂，表面有毛和刺②。蝎尾状聚伞花序，具小花 6~10 朵③，花冠白色至浅紫色，冠檐 5 裂④。浆果球形，表面光滑，成熟时黄色或橘色，表面有皱纹⑤。花果期 5~9 月。

原产于美国东南部，大洋洲、欧洲、中南美洲、亚洲、非洲的多数国家和地区均有分布。1957 年在江苏南京中山植物园有标本记录，标本信息记载为栽培状态，作为药用植物种植于药用植物区，至今在该园仍有栽培。1994 年首次在浙江温州被报道归化，与南京的栽培种群应为不同来源，可能是随着人类活动如货物的贸易往来携带传入，2007 年我国已把该种列为进境检疫性有害生物和重点监测的对象。目前仅零星分布于山东青岛、浙江台州和温州等地，需警惕其造成入侵危害。

银毛龙葵　银叶茄　茄属 *Solanum*

Solanum elaeagnifolium Cavanilles

	状态
中国	入侵
华东	归化

多年生草本。见于荒野草地或路边荒地①。全体密被银白色星状柔毛，茎具直刺②。叶互生，椭圆状披针形，叶边缘全缘、波状或浅裂③。总状聚伞花序具小花 1 ~ 7 朵，花冠蓝色至蓝紫色，稀白色④。浆果圆球形，基部被萼片覆盖，初为绿白色⑤，成熟后黄色至橘红色⑥。花果期 5 ~ 10 月。

原产于美国西南部和墨西哥北部，广泛分布于世界亚热带至温带地区。2002 年首次发现于台湾，2012 年在山东亦有发现，笔者于 2019 年在陕西咸阳亦发现了大面积种群，应为随种苗调运、货物贸易等人类活动无意带入，常入侵农田、果园及公园绿地。在华东地区仅分布于山东济南，但需格外警惕该种在新的区域造成入侵危害。

假烟叶树　山烟草、野烟叶、臭屎花、袖钮果、大黄叶　**茄属** *Solanum*

Solanum erianthum D. Don

	状态
中国	入侵
华东	归化

　　常绿小乔木。常生于荒地、路旁或山坡灌林丛中①。全株密被白色星状毛，有特殊气味。叶大而厚，卵状长圆形，全缘或略作波状②。聚伞花序多花，形成近顶生圆锥状平顶花序③。花冠白色，冠檐 5 深裂，裂片长圆形，中脉明显④。浆果球状，初为绿色，成熟时黄褐色⑤，具宿存萼，初被星状簇绒毛，后渐脱落⑥。花果期几乎全年。

　　原产于美国南部至美洲热带地区，于 16 世纪经由西班牙的帆船经菲律宾传播至东南亚，现广泛分布于世界热带至南亚热带地区。清代何谏所著《生草药性备要》（1711 年）中有记载，该书所记均为岭南民间中草药，该种可能于康熙年间自东南亚被无意带入南方沿海，现主要分布于华南至西南地区，有时入侵果园。在华东地区则仅归化于福建。

　　相似种：野烟树（ *Solanum mauritianum* Scopoli ）　该种花冠蓝紫色⑦，有学者将该种作为假烟叶树的异名处理。原产于南美洲，在中国仅分布于台湾，上海有少量栽培。

珊瑚樱　珊瑚豆、玉珊瑚、刺石榴、洋海椒、冬珊瑚　茄属 *Solanum*

Solanum pseudocapsicum Linnaeus

	状态
中国	归化
华东	归化

常绿灌木。常生于疏林下、林缘或房前屋后①。叶互生，常呈大小不相等的双生状，狭长圆形至披针形，全缘或波状②。花多单生，稀2~3朵，花小，白色，5深裂至基部③。浆果球形，初为绿色④，成熟时橙红色，萼宿存，果柄顶端膨大⑤。花期4~8月，果期8~12月。

原产于南美洲，归化于北美洲、非洲南部、大洋洲和亚洲。据《台湾外来观赏植物名录》记载，1910年日本人藤根吉春由新加坡引入台湾栽培，1917年在上海也有分布，中国南北各地多有栽培，归化于长江流域及其以南地区。华东地区亦常见栽培并归化。

传统上**珊瑚樱**在种下区分出了变种**珊瑚豆** [*Solanum pseudocapsicum* var. *diflorum* (Vellozo) Bitter]。后者与原变种（珊瑚樱）的主要区别在其幼枝及叶下面沿叶脉常生有星状簇绒毛，浆果较大。但此性状常有过渡而难以区分，最新的研究已经将后者归并。

蒜芥茄　　拟刺茄　　茄属 *Solanum*

Solanum sisymbriifolium Lamarck

	状态
中国	入侵
华东	归化

多年生草本或半灌木状。见于路边荒地或山坡草地①。叶长圆形或卵形，羽状深裂或半裂，两面均具长柔毛状腺毛，沿叶脉着生皮刺②。蝎尾状花序顶生或侧生③，花冠星形，亮紫色或白色，顶端5裂，花药黄色④。浆果近圆形，成熟后朱红色，具密被皮刺的膨大宿萼⑤。种子淡黄色，肾形⑥。花果期4~10月。

原产于美洲热带地区，归化于非洲、亚洲和澳大利亚。1930年在广东省广州市植物园有栽培记录，最初可能是作为观赏植物引种栽培，并随引种而传播，20世纪80年代在云南有逸生，主要分布于华南和西南的部分地区，有时入侵农田和公园绿地，有些植物园内有栽培⑦。笔者于2018年调查发现该种归化于江西南昌，上海（辰山植物园）亦有逸生，但分布区尚窄。

水茄　万桃花、山颠茄、金衫扣、野茄子、刺茄　茄属 *Solanum*

Solanum torvum Swartz

	状态
中国	入侵
华东	入侵

　　常绿小灌木。常生于灌木丛、房前屋后或路边荒地①。小枝疏被基部宽扁的淡黄色皮刺②。叶卵形至椭圆形，基部心形或楔形，边缘半裂或作波状③。伞房花序腋外生，2~3歧分枝③；花冠白色，辐形，顶端常5裂，有时6~7裂，裂片卵状披针形④。果实多数，浆果圆球形，光滑无毛⑤，幼时绿色，成熟时黄色，果柄上部膨大⑥。花果期4~11月。

　　原产于美洲加勒比地区，广泛分布于世界热带至南亚热带地区。1912年在香港有分布记载，随人类活动无意带入，目前主要分布于华南和西南地区，云南有将其果实油炸作食物者，该种常入侵果园和公园绿地，形成大面积种群。在华东地区仅见于浙江温州和福建。

毛果茄 黄果茄 茄属 *Solanum*

Solanum viarum Dunal

	状态
中国	入侵
华东	入侵

多年生草本或亚灌木。常生于路旁、灌丛、草地或林缘①。茎具向后弯曲的刺，有时具针状刺。叶宽卵形，具尖刺和多细胞腺毛，极易粘手，边缘 3~5 浅裂②。总状花序具 1~5 朵小花，花序梗短，花冠白色或绿色，顶端 5 裂，裂片披针形③，子房被毛。浆果球状，幼果黄绿色，被毛④，成熟时淡黄色⑤。花期 5~8 月，果期 8~11 月。

原产于巴西南部、巴拉圭、乌拉圭至阿根廷北部，广泛分布于北半球热带至南亚热带地区。1960 年在云南耿马有标本记录，由其种子混于粮食中无意带入，可能先在华南地区定殖，后传播至内陆地区，广泛分布于长江流域以南地区，常入侵农田和果园。在华东地区分布于福建、江西和浙江，其他地区偶有栽培。

相似种：喀西茄（*Solanum aculeatissimum* Jacquin） 叶深裂至中部，裂片边缘又作不规则的齿裂及浅裂，子房无毛。可能原产于巴西，也有学者认为原产于非洲，零星分布于广西、贵州、四川、台湾和云南，少见。长期以来毛果茄被误鉴定为 *Solanum khasianum* C. B. Clarke（广义的喀西茄），事实上该名称包含了**喀西茄**和**毛果茄**，而真正的**喀西茄**极少见。

车前科 **Plantaginaceae**

田玄参 匍匐假马齿苋、假西洋菜 假马齿苋属 *Bacopa*

Bacopa repens (Swartz) Wettstein

　　一年生草本。见于浅水、田边或水塘边①。茎匍匐，节上生不定根。叶对生，倒卵形或倒卵状长圆形，无柄，基部半抱茎，边缘全缘②。花单生于叶腋，下垂，无小苞片，萼片 5 枚，近完全分离③；花冠白色，下部筒状，檐部二唇形，雄蕊等长④。蒴果球形，成熟时黄褐色。花期 8 ~ 9 月，果期 9 ~ 12 月。

　　原产于北美洲，归化于南美洲和亚洲。1968 年在香港有标本记录，可能由其种子随引种或混在粮食中夹带而来，1974 年在广东也有发现，1982 年和 1983 年先后在福建福州和海南陵水采到标本，1987 年被作为新种 *Sinobacopa aquatica* Hong 报道，并将其置于新属田玄参属，后被证实为错误鉴定，主要分布于华南地区，湖北武汉植物园有栽培。在华东地区仅见于福建省福州市。

戟叶凯氏草 尖叶银鱼木、银鱼草 凯氏草属 *Kickxia*

Kickxia elatine (Linnaeus) Dumortier

	状态
中国	归化
华东	归化

一年生或多年生草本。见于路旁荒地、河边沙地或草坪①。叶互生，宽卵形至卵形，基部戟形，全缘或中下部具不规则锯齿②。花单生叶腋，花梗细长③；花冠假面形，上唇2裂片内侧深紫色，下唇3裂片黄色至淡黄色，两侧近基部常有稍淡的紫色斑块④，基部具漏斗状的距⑤。蒴果近球形⑥，具多数种子。花果期5~10月。

原产于非洲北部、欧洲至亚洲西南部，归化于美洲、澳大利亚和东亚。2010年在上海浦东国际机场附近有标本记录，随旅行、贸易等人类活动无意带入，2012年在浙江、2013年在江苏均有发现，目前分布区域较为局限，但其种子量大，需引起警惕。在华东地区归化于江苏（南通）、上海（崇明、浦东）和浙江。

细柳穿鱼　加拿大柳蓝花　柳穿鱼属 *Linaria*

Linaria canadensis (Linnaeus) Dumont de Courset

	状态
中国	归化
华东	归化

　　一年生或二年生草本。见于路旁荒地、草坪、绿化带、农田或苗圃内①。基部有多数细弱无花小枝，叶在无花小枝及花枝下部通常对生或轮生②，在花枝上部多为互生，线形至线状倒披针形③。总状花序，花萼5深裂④，花冠唇形，紫色或蓝色，上唇先端2浅裂，下唇较大，3裂，有2个圆形的白色凸起⑤⑥。蒴果球形，成熟时顶端开裂，内含大量种子⑦。花果期4~7月。

　　原产于北美洲，归化于南美洲、俄罗斯、澳大利亚东南部、印度和东亚地区。2010年在浙江省宁波市溪口镇有标本记录，可能为随花木引种时无意带入，之后逐渐扩散至浙江其他城市，湖北黄冈和湖南长沙亦有分布。该种目前在华东地区分布区域较为局限，仅见于浙江，但其种子量巨大，需引起警惕。

伏胁花 黄花过长沙舅、黄花假马齿 伏胁花属 *Mecardonia*

Mecardonia procumbens (Miller) Small

	状态
中国	入侵
华东	归化

多年生草本。常生于阳光充足的潮湿之地①。叶对生，无柄或基部有带翅的柄，椭圆形或卵形，边缘具锯齿②。花单生于叶腋，萼片5枚，完全分离，覆瓦状排列③，不等大；花冠二唇形，黄色，上唇具缺刻或顶端2浅裂，具6条红褐色的脉，下唇3裂，裂片近相等④。蒴果椭圆状，萼片宿存，成熟时黄褐色，内含大量种子⑤⑥。花果期4~12月。

原产于美国南部至美洲热带地区，归化于亚洲。2001年在台湾有分布报道，2002年在广东省中山大学的草坪上采到标本，可能是随花卉或草皮引种夹带而来，2012年在深圳也记载有分布，目前分布区域较为局限，有时入侵公园草坪。在华东地区仅归化于福建。

芒苞车前　具芒车前、线叶车前、小芒苞车前　**车前属 Plantago**

***Plantago aristata* Michaux**

	状态
中国	归化
华东	归化

　　一年生或二年生草本。见于山谷路旁、平原草地及海滨沙地①。叶基生呈莲座状，直立或斜展，坚挺，密被开展的淡褐色长柔毛，披针形至线形，全缘②。穗状花序狭圆柱状，密被向上伏生的柔毛，苞片狭卵形，先端极延长，形成线形或钻状披针形的芒尖；花冠淡黄白色，花后反折③。蒴果椭圆球形至卵球形④，于中部下方周裂⑤。花果期 5 ~ 9 月。

　　原产于北美洲，归化于欧洲、南非、夏威夷和亚洲。1925 年在山东青岛有标本记录，通过港口货物或旅客国际交往无意带入，之后又随人类活动传播到江苏，芒苞车前一名出自郑太坤等（1993）《中国车前研究》一书。目前其分布范围有限，仅见于山东青岛、江苏宿迁和东海以及安徽蚌埠，但传播扩散能力强。

北美车前 毛车前 车前属 *Plantago*

Plantago virginica Linnaeus

	状态
中国	入侵
华东	入侵

一年生或二年生草本。常生于路边荒地、田间地头或公园草坪①。叶基生呈莲座状，倒披针形至倒卵状披针形，边缘波状、疏生牙齿或近全缘②。穗状花序细圆柱状，密被开展的白色柔毛，苞片先端不成芒状③；花冠淡黄色，具能育花（闭花授粉）和不育花（风媒花）之分，不育花的雄蕊和花柱明显外伸④。蒴果纺锤状卵形⑤。花果期4~7月。

原产于北美洲，归化于中南美洲、欧洲、南非和亚洲。1950年在江西师范大学校园内有标本记录，可能随航空运输或旅行等传入华东地区，之后随着农业生产、园林贸易等持续扩散，主要分布于华东地区，偶见于华南和西南地区。在华东地区广泛分布于安徽、江苏、江西、上海和浙江，是常见的草坪杂草，危害严重，福建和山东少见。

野甘草 假甘草、冰糖草 野甘草属 *Scoparia*

Scoparia dulcis Linnaeus

	状态
中国	入侵
华东	归化

多年生草本或半灌木状。常见于路边草丛或荒地①。叶对生或轮生，菱状卵形或菱状披针形，上部边缘具单或重锯齿②。花单生或成对生于叶腋③，萼片4枚，卵状矩圆形，具睫毛；花冠直径小，4深裂，白色或带紫色，喉部密被长柔毛④。蒴果球形，直径2~3 mm，成熟时瓣裂⑤。花果期5~9月。

原产于美洲热带地区，广泛分布于世界热带和亚热带地区。19世纪60年代就已在香港归化，为无意带入，1908年在福建厦门有标本记录，1917年在广州亦有发现，主要分布于华南地区和云南，为常见的草坪杂草。在华东地区归化于福建、江西南部和浙江（温州市鹿城区）。

直立婆婆纳　　婆婆纳属 *Veronica*

Veronica arvensis Linnaeus

	状态
中国	入侵
华东	入侵

一年生草本。常生于路边荒地、田间地头或公园绿地①。叶对生，卵形至卵圆形，边缘具圆或钝齿②。总状花序长而多花，苞片叶状，全缘③；花冠蓝紫色或蓝色，4裂，裂片圆形至长矩圆形④。蒴果倒心形，强烈侧扁，果梗极短，宿存花柱短，不伸出凹口⑤。花期4~5月，果期6~8月。

原产于欧洲，广泛分布于北亚热带和北温带地区。1910年在江西庐山有标本记录，可能随植物引种无意夹带而来，1927年在上海亦有发现，主要分布于华南至华北地区，常入侵农田、牧场和公园绿地。广泛分布于华东地区。

常春藤婆婆纳　睫毛婆婆纳　婆婆纳属 *Veronica*

Veronica hederifolia Linnaeus

	状态
中国	入侵
华东	入侵

　　一年生或越年生草本。常生于路边荒地、田间地头或公园绿地①。茎基部或下部叶对生，上部叶互生②，宽心形或近圆形，边缘具 1 ~ 2 对粗钝锯齿，叶缘具短毛③。花单生于叶状苞片的叶腋间，萼片具睫毛，花冠 4 深裂，青紫色④，偶见白色带紫色条纹⑤。蒴果扁球形，腹面凹入⑥，内含 2 ~ 4 粒种子。花果期 3 ~ 5 月。

　　原产于欧洲、北非至西亚，为当地常见麦田杂草之一，现散见于世界各地。1928 年在江苏南京中山植物园有标本记录，另一份 1957 年的标本标签标注为"本园栽培"，引自罗马尼亚，1986 年出版的《江苏维管植物检索表》中收录了该种。目前仅分布于江苏南京、浙江杭州和舟山，具有强烈的化感作用，常入侵农田、果园和草坪。

阿拉伯婆婆纳　波斯婆婆纳　婆婆纳属 *Veronica*

Veronica persica Poiret

	状态
中国	入侵
华东	入侵

　　一年至二年生草本。常生于路边荒地、田间地头或公园绿地①。叶在茎基部对生，上部互生，卵圆形或卵状长圆形，边缘有钝锯齿②。花单生于叶状苞片的叶腋间，花冠 4 深裂，裂片卵形至圆形，淡蓝色，有放射状深蓝色条纹③，偶见白色④。蒴果倒扁心形，果梗长，宿存花柱超出凹口⑤。花果期 3 ~ 6 月。

　　原产于欧洲至西亚，广泛分布于欧亚大陆。清代赵学敏所著《本草纲目拾遗》（1765 年）中介绍狗卵草时道"狗卵草叶类小将军草而小"，有学者考证认为"小将军草"即为阿拉伯婆婆纳，若这个说法可靠，那么该种最迟在清乾隆年间就已传入中国。1907 年于福建有标本记录，1908 年在江苏和上海也采到标本，中国南北各地常见。广泛分布于华东地区，是旱地夏熟作物田常见杂草，具化感作用。

婆婆纳　狗卵草、双珠草、双肾草　婆婆纳属 *Veronica*

Veronica polita Fries

	状态
中国	入侵
华东	入侵

　　一年生草本。常生于路边荒地、田间地头或公园绿地①。叶心形至卵形，每边有 2~4 个深钝齿②。总状花序长，苞片叶状，花冠 4 深裂，裂片圆形至卵形，淡紫色、蓝色、粉色或白色③。蒴果近肾形，饱满不压扁，密被腺毛，果梗较长，宿存花柱与凹口近齐平④。花果期 3~10 月。

　　原产于西亚，广泛分布于世界亚热带至温带地区。宋末元初释继洪所著《澹寮集验秘方》（1283 年）记载了"狗卵草"一名，可能于宋代时自西域无意带入，明初《救荒本草》（1406 年）首次使用"婆婆纳"一名："婆婆纳，生田野中。苗塌地生，叶最小。"明末的《农政全书》（1639 年）将该种作为野菜推广，如今南北各地常见。广泛分布于华东地区，为田间常见杂草，具化感作用。

	状态
中国	归化
华东	归化

母草科 **Linderniaceae**

圆叶母草　母草属 *Lindernia*

***Lindernia rotundifolia* (Linnaeus) Alston**

　　一年生草本。见于农田、池塘和沟渠旁或公园草地①。茎匍匐或斜生，节处生根。叶对生，宽卵形或圆形，全缘或有时具不明显的浅齿②。花单生于叶腋，花冠二唇形，在花蕾时为黄色，成熟时蓝白色，裂片上面及喉部内面具深蓝色斑块③④。蒴果卵球形，光滑无毛。花果期 5 ~ 10 月。

　　原产于毛里求斯、马达加斯加、印度西南部和斯里兰卡，归化于东亚。2005 年在广东深圳仙湖植物园有标本记录，2007 年作为中国新归化种报道，为无意带入，并在广州亦有发现，于 2015 年在浙江也采到该种标本。在华东地区见于浙江省温州市泰顺县和福建省福州市，分布区域较为局限。

爵床科 Acanthaceae

	状态
中国	归化
华东	归化

穿心莲 一见喜、印度草、榄核莲 穿心莲属 *Andrographis*

Andrographis paniculata (N. L. Burman) Wallich ex Nees

　　一年生草本。常生于路边荒地、草丛或铁道旁①。茎具 4 棱，多分枝②。叶对生，披针形或矩圆状披针形，全缘③。总状花序顶生或腋生，集成大型圆锥花序②；花冠明显二唇形，白色，下唇带紫色斑块，具腺毛和柔毛，花丝具柔毛④。蒴果长椭圆形，疏生腺毛⑤，成熟时 2 瓣裂⑥。花果期 3 ~ 7 月。

　　原产于印度和斯里兰卡，栽培并归化于澳大利亚、毛里求斯、热带美洲和亚洲热带至亚热带地区。1939 年在香港九龙有栽培记录，1951 年在广州亦有栽培，作为药用植物有意引入，20 世纪 50 年代后南北各地多有种植，并收载于《中华人民共和国药典》（1985 年版），主要归化于华南和西南地区。在华东地区则仅归化于福建。

小花十万错　十万错　十万错属 *Asystasia*

Asystasia gangetica subsp. *micrantha* (Nees) Ensermu

	状态
中国	归化
华东	归化

多年生草本。见于荒地、林缘或路边草丛①。叶对生，卵圆形至椭圆形，几全缘或稍具圆齿②。总状花序腋生或顶生，长达 16 cm ③；花萼 5 深裂，裂片线状披针形，外面被腺毛④；花冠二唇形，黄色或白色，下唇中裂片具紫红色斑点⑤，栽培时颜色多变。蒴果长椭圆形⑥。花期 9 ~ 12 月，果期 12 月至翌年 3 月。

原产于非洲热带地区，归化于亚洲热带至南亚热带地区。2005 年在台湾有标本记录，后于 2010 年在福建厦门园林植物园有标本记录，系盆栽，作为观赏植物有意引入，2018 年在海南有野生分布，现已归化于华南和西南地区。华东地区亦有栽培，归化于福建。

相似种：宽叶十万错 [*Asystasia gangetica* (Linnaeus) T. Anderson]　本种花冠长 3 ~ 3.5 cm，开口宽约 1 cm，花冠裂片平展⑦⑧，明显大于小花十万错，且后者花冠裂片向后反折。原产于非洲热带地区，1922 年在福建厦门大学有标本记录，系校内栽培，作为观赏植物有意引入，1936 年在云南景洪亦有种植，之后随园林苗木引种而扩散，并培育出少许品种，各地温室常见栽培⑨，偶有逸生。

翠芦莉　蓝花草　芦莉草属 *Ruellia*

Ruellia simplex C. Wright

	状态
中国	归化
华东	归化

多年生草本。见于路边荒地或草丛①。叶对生，条形至条状披针形，基部渐狭并下延至叶柄，边缘全缘或微波状②。二歧伞状花序，花冠漏斗形③，蓝色至蓝紫色，檐部5裂，裂片长圆形，先端微凹④。蒴果长圆柱形，除先端疏被短柔毛外，其余无毛。花期6~10月，果期7月至翌年2月。

原产于墨西哥，世界热带地区广为栽培并归化。1960年在海南有栽培记录，1961年在广州华南植物园亦有种植，作为观赏植物有意引入，之后随引种栽培而扩散，常大片种植⑤，北方地区的温室中常见栽培，在长江流域已可露地越冬，归化于华南和西南地区。华东地区亦常见栽培，归化于福建。

紫葳科 **Bignoniaceae**

	状态
中国	归化
华东	归化

猫爪藤　　鹰爪藤属 *Dolichandra*

Dolichandra unguis-cati (Linnaeus) L. G. Lohmann

　　常绿攀缘藤本。见于林缘、疏林下、荒坡或庭院附近①。卷须与叶对生，顶端分裂成 3 枚钩状卷须，可附着于墙体之上②。叶对生，2 小叶，稀 1，长圆形，边缘波状或全缘③。花单生或组成圆锥花序，花冠钟状至漏斗状，黄色④⑤。蒴果长条形，扁平，长可达 28 cm，成熟时黑色⑥。花期 4 ~ 5 月，果期 5 ~ 8 月。

　　原产于墨西哥、南美洲和加勒比地区，广泛栽培并归化于世界热带至亚热带地区。该种于 1840 年福建厦门鼓浪屿成为英国租界后从海外作为观赏植物引入，后又引种至华南和西南地区，大多仍处于栽培状态，在少数地区归化。华东地区亦有少量栽培，归化于福建，主要集中于厦门鼓浪屿。

马鞭草科 **Verbenaceae**

	状态
中国	归化
华东	归化

假连翘　莲荞、花墙刺、番仔刺、洋刺、篱笆树　**假连翘属** *Duranta*

Duranta erecta Linnaeus

　　常绿灌木。常生于路旁或庭院周围①。叶对生或轮生，卵状椭圆形，中部以上有锯齿②。总状花序顶生或腋生，常排成圆锥状，柔弱开展③。花萼管状，5 裂，花冠管细长，上部微弯曲④；花冠蓝紫色，常具 2 道深紫色条带，顶端 5 裂⑤。核果球形，熟时橙黄色，具光泽⑥。花果期 5～10 月。

　　原产于美洲热带地区，世界热带至南亚热带地区广泛栽培并归化。1924 年在华南地区有栽培记载，作为观赏或园篱植物有意引入，广泛种植于华南至西南地区，且多逸为野生。华东地区亦有栽培，并归化于江西南部和福建，以沿海地带尤为常见。

马缨丹　五色梅、五彩花、如意草　**马缨丹属** *Lantana*

Lantana camara Linnaeus

	状态
中国	入侵
华东	入侵

常绿直立或蔓性灌木。常生于房前屋后、路边空地或林缘①。茎枝具 4 棱，常有短而倒钩状的刺。叶对生，卵形至卵状长圆形，边缘有钝齿，表面多皱②，揉烂后有强烈的气味。花密集成头状，花序梗粗壮③。花冠 4 或 5 浅裂，黄色或橙黄色，开花后不久转为深红色④。核果圆球形，成熟时紫黑色⑤。花果期几乎全年。

原产于美洲热带地区，广泛栽培于世界各地，并在热带至亚热带地区成为广泛分布的入侵植物。1645年由荷兰人引入台湾，作为观赏植物栽培，清代的《南越笔记》（约 1778 年）和《植物名实图考》（1848年）均有记载，广泛栽培于华南至西南地区，北方地区常种植于温室。常入侵牧场、林场和种植园等处，被列入"世界上最严重的 100 种外来入侵物种"，于 2010 年被列入中国第二批外来入侵物种名单。华东地区常见栽培，在江西南部和福建逸为野生。

蔓马缨丹　紫花马缨丹　马缨丹属 *Lantana*

Lantana montevidensis (Sprengel) Briquet

	状态
中国	入侵
华东	归化

　　常绿蔓生灌木。见于路边荒地或山坡林缘①。老枝圆柱形，无刺。叶对生，卵形至长圆形，叶缘有钝锯齿，上面粗糙②。穗状花序短缩成头状，单生于叶腋，花序梗粗壮③。花冠漏斗状，花冠管细长，苞片宽卵形④；花冠 4 ~ 5 浅裂紫红色，有时喉部具黄色和白色环纹⑤。核果球形，成熟时紫黑色。花期 5 ~ 10 月，果期 7 ~ 10 月。

　　原产于南美洲热带地区，广泛栽培并归化于世界热带至南亚热带地区。1922 年在广州有标本记录，1933 年在台湾也有发现，作为观赏植物有意引入，主要栽培于华南地区，有时逸生并入侵种植园和公园绿地。华东地区栽培范围小，归化于福建和江西赣州。

假马鞭　四棱草、假败酱、铁马鞭、玉龙鞭　假马鞭草属 *Stachytarpheta*

Stachytarpheta jamaicensis (Linnaeus) Vahl

	状态
中国	入侵
华东	归化

多年生草本或亚灌木。常生于路边空地、疏林下或房前屋后①。叶对生，椭圆形至卵状椭圆形，稍肉质，灰绿或蓝绿色，叶缘有粗锯齿②。穗状花序顶生，花序轴粗壮直立，小花螺旋状着生③。花冠高脚碟状，常为淡蓝色或蓝紫色，喉部白色，顶端 5 裂④。果实藏于宿存花萼，嵌于花序轴内⑤，成熟时 2 瓣裂。花期 7 ~ 10 月，果期 9 ~ 11 月。

原产于美洲热带地区，归化于东南亚。20 世纪初在香港就已成为路边常见杂草，可能于 19 世纪末随人类活动无意带入，1933 年在海南也有发现，后扩散至华南其他地区，有时入侵农田。在华东地区则仅分布于福建。

相似种：荨麻叶假马鞭 [*Stachytarpheta cayennensis* (Richard) Vahl] 和**南假马鞭**（*Stachytarpheta australis* Moldenke）　前者叶片边缘具多数尖锐锯齿，表面多皱，花冠蓝色⑥，原产于热带亚洲；后者叶片边缘为圆锯齿，花冠白色⑦，原产于中南美洲。两者均分布于华南地区。在我国，上述两种常被误认为同一物种，即**南假马鞭**，而**荨麻叶假马鞭**又长期被错误鉴定成**假马鞭**，因此名称异常混乱。

柳叶马鞭草　南美马鞭草、长茎马鞭草　马鞭草属 *Verbena*

Verbena bonariensis Linnaeus

	状态
中国	入侵
华东	入侵

　　多年生草本。常生于公园绿地、路边荒地或草丛①。叶交互对生，披针形，叶缘粗齿状，基部半抱茎②。穗状花序排列紧密，于茎枝顶端排成聚伞状，或密集成头状③。花冠紫红色至粉红色，花冠筒长，顶端 5 裂④，具芳香气味。果序在花后稍伸长，果实成熟时包藏于宿存花萼内⑤，内含 4 枚小坚果。花果期 6～10 月。

　　原产于南美洲，广泛栽培并归化于澳大利亚、新西兰、北美洲、非洲南部和亚洲。1912 年在香港和广东省有分布记载，作为观赏植物有意引入，后作为花海造景植物在南北各地种植广泛，有时入侵农田。华东地区多有栽培，并在安徽、江西、上海和浙江有逸为野生，尤以江西为多。

狭叶马鞭草　巴西马鞭草　马鞭草属 *Verbena*

Verbena brasiliensis Velloso

	状态
中国	归化
华东	归化

　　多年生草本。常生于公园绿地、路边荒地或草丛①。叶交互对生，倒披针形至长椭圆形，叶缘粗齿状，基部不抱茎②。穗状花序在枝顶呈 3 叉形排列③，花冠淡紫色至淡蓝色，有时白色，顶端 5 裂④。果穗在果期伸长成圆柱形，果实成熟时包藏于宿存花萼内⑤。花果期 6 ~ 10 月。

　　原产于南美洲，归化于亚洲。1984 年在台湾发现有归化，2010 年发现于浙江省台州市的沿海草丛之中，无该种的引种栽培记录，可能由其种子混于其他货物中随贸易无意带入，目前分布范围有限，仅见于福建、江西和浙江，尤以江西为多，有时入侵农田。

唇形科 **Lamiaceae**

	状态
中国	入侵
华东	归化

山香　山薄荷、假藿香、臭草、香苦草　山香属 *Hyptis*

Hyptis suaveolens (Linnaeus) Poiteau

　　一年生草本。常生于耕地、果园、林缘或路边草地①。叶对生，卵形至宽卵形，基部圆形或浅心形，边缘为不规则的波状，具小锯齿②。聚伞花序具 2～5 朵小花，花萼被长柔毛及淡黄色腺点，萼齿 5 个，短三角形③；花冠二唇形，蓝色，上唇先端 2 圆裂，下唇 3 裂④。小坚果常 2 枚成熟，扁平⑤。花果期几乎全年。

　　原产于美洲热带地区，广泛归化于世界热带至南亚热带地区。19 世纪末在台湾有标本记录，1911 年在广西北海也有发现，作为观赏花卉首先引入台湾，后引进华南，并扩散至其他省区，主要分布于华南至西南地区，常入侵果园、茶园和耕地。华东地区少见栽培，归化于福建省南部。

田野水苏　　水苏属 *Stachys*

Stachys arvensis Linnaeus

	状态
中国	入侵
华东	入侵

　　一年生草本。常生于路边荒地、湿地或田间地头①。叶对生，卵形，基部心形，边缘具圆齿②。轮伞花序具 2 ~ 4 朵花，常组成顶生穗状花序，花冠二唇形，红色③④；花萼管状钟形，密被柔毛，萼齿披针状三角形⑤。小坚果卵圆状，成熟时棕褐色。花果期春季至夏季。

　　原产于欧洲、非洲北部至亚洲西南部，归化于美洲。据记载，1864 年英国邱园采集员 R. Oldham 在台湾马铃薯田中采到该种标本，1923 年在福建厦门亦有发现，可能由其种子随农业活动无意带入。目前主要分布于华南至华东地区，常入侵农田，为田间常见杂草。在华东地区分布于福建、江西、上海和浙江。

桔梗科 **Campanulaceae**

	状态
中 国	入侵
华 东	入侵

穿叶异檐花　异檐花　异檐花属 *Triodanis*

Triodanis perfoliata (Linnaeus) Nieuwland

　　一年生草本。常生于林缘、溪边或路边草地①。叶互生，近圆形，基部心形，抱茎，边缘具大圆齿②。花 1 ~ 3 朵生于叶腋，无梗③；花冠钟状，蓝紫色或玫瑰紫色，5 深裂④。蒴果卵形，萼片宿存，成熟时侧面孔裂⑤，种子自孔中弹出。花果期 4 ~ 7 月。

　　原产于加拿大南部至墨西哥，归化于南美洲和东亚，比利时也有分布。1974 年在福建有标本记录，1988 年在江西鹰潭也有发现，为无意带入，可能随园林花卉或草皮贸易夹带而来，主要分布于华东地区，常入侵公园草坪。在华东地区分布于福建、江西鹰潭和上饶、浙江临海，分布区域较为有限。

异檐花　卵叶异檐花　异檐花属 *Triodanis*

Triodanis perfoliata subsp. *biflora* (Ruiz & Pavón) Lammers

	状态
中国	入侵
华东	入侵

　　一年生草本。常生于路边草地、荒地或公园草坪①。植株较穿叶异檐花矮小。叶互生，卵形至卵状椭圆形，基部圆形，不抱茎，边缘常具圆齿②。花1~3朵生于叶腋，花冠蓝紫色，常5深裂③，偶见6裂④。蒴果长圆柱形，萼片宿存⑤，成熟时顶端侧面孔裂⑥，种子自孔中弹出。花果期4~7月。

　　原产于美国、墨西哥至南美洲，归化于东亚。1981年在安徽省安庆市有标本记录，1991年在福建也有分布，为无意带入，可能随园林花卉或草皮贸易夹带而来，主要分布于华东地区，常入侵公园草坪，形成优势种群。在华东地区分布于安徽、福建、江西和浙江，较穿叶异檐花更加常见。

	状态
中国	入侵
华东	入侵

菊科 **Asteraceae (Compositae)**

白花金钮扣　　金钮扣属 *Acmella*

Acmella radicans var. *debilis* (Kunth) R. K. Jansen

　　一年生草本。生于路边荒地、田间地头、房前屋后或河岸沟渠①。叶对生，边缘具波状钝锯齿，两面光滑无毛②。头状花序单生，偶 2 或 3 个，椭圆形③，花冠白色或绿白色，舌状花有或无④。瘦果黑褐色⑤，顶端具半月形缺口，密生缘毛，具白色软骨质边缘⑥。花果期 6 ~ 11 月。

　　原产于墨西哥至南美洲，归化于亚洲。2002 年在浙江温岭首次发现该种，2012 年在浙江象山也有发现，为无意带入，具体传入途径不明，2013 年以**短舌花金钮扣**（*Acmella brachyglossa* Cassini）之名首次报道，经核实应为白花金钮扣，笔者于 2014 年在安徽也发现大面积种群，常入侵农田。目前该种仅分布于浙江温岭和象山、安徽黄山。

1 mm

藿香蓟　胜红蓟　藿香蓟属 *Ageratum*

Ageratum conyzoides Linnaeus

	状态
中国	入侵
华东	入侵

　　一年生草本。常生于路边荒地、房前屋后、公园草地或山坡林下①。叶对生，边缘具圆锯齿，基部钝或宽楔形，密被短柔毛②。头状花序钟形，在茎顶端伞房状排列，花冠白色至淡紫色③；总苞片长圆形或披针状长圆形，外面具稀疏柔毛④。瘦果黑褐色，有白色稀疏细柔毛，冠毛膜片状⑤。花果期几乎全年。

　　原产于墨西哥至南美洲，广泛分布于非洲、亚洲和大洋洲的热带至亚热带地区。1861 年在香港有分布记录，随人工引种和花卉苗木贸易携带而来，1903 年在台湾采到该种标本，1907 年在福建厦门也有发现，主要分布于长江流域及其以南地区，其分布区有向北扩展的趋势，常入侵农田和果园，具有化感作用，于2016 年被列入中国自然生态系统外来入侵物种名单（第四批）。广泛分布于华东地区。

　　相似种：熊耳草（*Ageratum houstonianum* Miller）　叶基部心形或近截形⑥，头状花序近碗形，花蕊更长，常为深蓝色⑦。原产于墨西哥和中美洲，华东地区有栽培，归化于华南和西南地区。

豚草　普通豚草、艾叶破布草、美洲艾　豚草属 *Ambrosia*

Ambrosia artemisiifolia Linnaeus

	状态
中国	入侵
华东	入侵

　　一年生草本。常生于田间地头、房前屋后或路边荒地①。下部叶对生，上部叶互生，一至二回羽状深裂，裂片狭小，全缘②③。雄头状花序半球形或卵形，在枝端密集成总状花序④。雌头状花序无花序梗，在雄头状花序下面或在下部叶腋单生，或 2～3 个聚作团伞状⑤。瘦果倒卵形，藏于坚硬的总苞中形成刺果⑥。花果期 7～10 月。

　　原产于加拿大南部和美国，广泛分布于非洲、亚洲、欧洲和澳大利亚。豚草一名源于日本名"豕草"，1935 年在浙江杭州有分布记录，可能由进口粮食和货物裹挟带入，另有一说为 20 世纪 30 年代混杂于日军战马饲料中传入东北地区，还有经苏联传入一说。目前广泛分布于华中至东北地区，是导致枯草热或皮炎的过敏原之一，于 2003 年被列入中国第一批外来入侵物种名单。广泛分布于华东地区。

三裂叶豚草　大破布草　豚草属 *Ambrosia*

Ambrosia trifida Linnaeus

	状态
中国	入侵
华东	归化

　　一年生粗壮草本。常生于田野、路旁、林缘或河边①。叶常对生，有时互生，基部三出脉，下部叶 3 ~ 5 裂②，上部叶 3 裂或有时不裂，裂片边缘有锐锯齿③。雄头状花序半球形④，在枝端密集成总状花序，较豚草的粗壮⑤；雌头状花序的花序梗极短，在雄头状花序下面聚作团伞状⑥。瘦果倒卵形，无毛，藏于坚硬的总苞中，顶端具圆锥状短喙，喙部以下有 5 ~ 7 肋，每肋顶端有瘤或尖刺⑦。花果期 8 ~ 10 月。

　　原产于北美洲东部，遍布于美国及加拿大南部，并归化于南美洲、欧洲、亚洲、非洲和澳大利亚。据记载，该种最早于 1930 年发现于辽宁铁岭，可能随进口农产品无意带入。目前该种广泛分布于东北地区，华北地区也有零星分布，常入侵农田，是导致枯草热的过敏原之一，于 2007 年被列入中华人民共和国进境植物检疫性有害生物名录，于 2010 年被列入中国第二批外来入侵物种名单。在华东地区分布于山东，江苏南部和上海市松江区（小昆山）也有少量分布。

婆婆针 　鬼针草、鬼钗草　**鬼针草属** *Bidens*

Bidens bipinnata Linnaeus

	状态
中 国	入侵
华 东	入侵

　　一年生草本。常生于路边荒地或山坡草丛①②。叶对生，二至三回羽状分裂，小裂片三角状或菱状披针形，边缘有稀疏不规整的粗齿③。头状花序具舌状花 1~4，不育，舌片黄色，椭圆形或倒卵状披针形，先端全缘或具 2~3 齿④，稀无舌状花⑤。瘦果条形，具 3~4 棱，顶端具芒刺 3~4 枚⑥，稀 2 枚。花果期 7~10 月。

　　可能原产于北美洲，由于该种在世界范围内分布广泛，其确切原产地未知，北美植物志（FNA）认为可能原产于东亚，现广泛分布于澳大利亚、美洲、亚洲、欧洲、非洲东部和太平洋群岛。1861 年在香港有分布记录，由其瘦果被无意夹带而入，1904 年在云南有发现，1905 在北京也有标本记录，现广泛分布于南北各地，常入侵农田、果园和苗圃。广泛分布于华东地区。

　　相似种：小花鬼针草（*Bidens parviflora* Willdenow）　叶形与婆婆针相似，唯其瘦果顶端具 2 枚芒刺。该种为国产种，分布于南北各地。

大狼杷草 接力草、外国脱力草 **鬼针草属** *Bidens*

Bidens frondosa Linnaeus

	状态
中国	入侵
华东	入侵

一年生草本。常生于路边荒地、田间、沟边或山坡草地①。叶对生，一回羽状复叶具 3 ~ 5 小叶，披针形，边缘有粗锯齿②。头状花序单生茎端和枝端，外层具叶状苞片 5 ~ 10 枚，通常 8 枚，无舌状花或舌状花不发育，极不明显③。瘦果扁平，狭楔形，顶端具芒刺 2 枚，上有倒刺毛④。花果期 7 ~ 10 月。

原产于北美洲，归化于欧洲、非洲北部、亚洲和澳大利亚。1926 年在江苏有标本记录，大狼杷草一名始见于 1937 年出版的《中国植物图鉴》，由其瘦果被无意夹带而传入华东地区，后沿长江流域扩散，华北地区亦多有分布，为农田常见杂草，也常常入侵果园、苗圃和公园绿地，于 2016 年被列入中国自然生态系统外来入侵物种名单（第四批）。广泛分布于华东地区。

相似种：多苞狼杷草（*Bidens vulgata* Greene） 叶状总苞片 10 ~ 16（21）枚⑤。原产于美国，主要分布于华北和东北地区，偶见于华东地区。二者形态相似，因此该种常被误鉴定为大狼杷草。

三叶鬼针草

白花鬼针草、鬼针草、粘人草、一包针　**鬼针草属** *Bidens*

Bidens pilosa Linnaeus

	状态
中国	入侵
华东	入侵

一年生草本。常生于路边荒地、田间、沟边或山坡草地①。叶对生，羽状复叶小叶常 3，有时 5 或 7，椭圆形或卵状椭圆形，边缘有锯齿②。头状花序边缘具白色的舌状花 4~8③，舌状花的大小差异较大，有时无舌状花。瘦果黑色，条形，顶端具 2 枚芒刺④，有时为 3~5 枚，或无芒刺。花果期几乎全年。

原产于美洲，广泛分布于世界热带至亚热带地区。舌状花较小的类型在国内出现较早，于 1934 年在华南地区就有分布记录，为无意带入；舌状花较大的类型于 20 世纪 70 年代作为蜜源植物引入台湾，1992 年在香港也有发现。目前该种广泛分布于长江流域及其以南地区，常入侵农田、果园和苗圃，有强烈的化感作用，于 2014 年被列入中国外来入侵物种名单（第三批）。广泛分布于华东地区各省市，安徽北部、江苏和山东等地较少见。

有学者认为该种为一个复合群，并划分出 3 个独立的种，但《北美植物志》（FNA）取大种的概念将其合并为一种，此处从此处理，其舌状花的有无及大小应是一个过渡性状（同一个果序上其瘦果同时具 2 枚和 3 枚芒刺⑤），然尚需进一步研究。3 个独立物种的划分依据如下：

1. 头状花序边缘无舌状花，如存在时，舌状花小型，长 2~3 mm；瘦果顶端具 3（~5）枚芒刺；2*n*=72 ……………………………………………………………………………… 三叶鬼针草 *B. pilosa* Linnaeus ⑥

1. 头状花序边缘具大型舌状花，舌状花较大；瘦果具 0~2 枚芒刺 …………………………………2

2. 外层叶状总苞片（8~）12（~16）枚；边缘舌状花 5~8 枚，长 5~16 mm；瘦果具 2 枚芒刺；2*n*=48 …………… ……………………………………………………………… 白花鬼针草 *B. alba* (Linnaeus) Candolle ⑦

2. 外层叶状总苞片（6~）8（~12）枚；边缘舌状花 5~8 枚，长 3~18 mm；瘦果无芒刺，或具 1~2 枚芒刺；2*n*=24 ……………………………………………………………… 芳香鬼针草 *B. odorata* Cavanilles ⑧

①

飞机草 香泽兰、先锋草 飞机草属 *Chromolaena*

Chromolaena odorata (Linnaeus) R.M. King & H. Robinson

	状态
中国	入侵
华东	入侵

多年生草本。常生于路边荒地、田间地头、林缘或林内空地①。叶对生，卵形或卵状三角形，两面粗糙，边缘疏生不规则的圆锯齿②。头状花序圆柱状，在枝顶呈复伞房状排列，花序梗粗壮③。花冠白色或粉红色，花柱分枝线状，伸出花冠外④。瘦果黑褐色，冠毛丰富，淡黄色⑤。花期 10 月至翌年 1 月，果期 12 月至翌年 3 月。

原产于美洲，归化于非洲南部、澳大利亚、太平洋岛屿和亚洲。20 世纪 20 年代作香料植物的实验材料引入泰国，后逃逸扩散，经由越南、缅甸等自然传入云南，于 1936 年在云南景洪有标本记录，主要分布于华南和西南地区，常入侵农田和果园，于 2003 年被列入中国第一批外来入侵物种名单。在华东地区仅分布于福建省南部。

大花金鸡菊 波斯菊 金鸡菊属 *Coreopsis*

***Coreopsis grandiflora* Hogg ex Sweet**

		状态
中国		归化
华东		归化

多年生草本。常生于公园绿地或路边荒野①。基生叶有长柄，披针形或匙形②，中上部叶常不规则羽状全裂，裂片线形或披针形③。头状花序单生于枝端，具长花序梗，舌状花的舌片宽大，黄色④。瘦果排列紧密，广椭圆形或近圆形，边缘具膜质宽翅⑤。花期 5 ~ 8 月，果期 7 ~ 10 月。

原产于北美洲，归化于欧洲、亚洲和澳大利亚。1932 年在山东青岛有栽培记录，作为观赏花卉有意引入，江西省庐山植物园于 1936 年也有引种栽培，南北各地常有种植，有时逸为野生。广泛栽培于华东地区，归化于安徽、江苏、江西、山东、上海和浙江，尤以江西为多，且有时侵入农田，福建较少见。

相似种： 金鸡菊 [*Coreopsis basalis* (A. Dietrich) S.F. Blake] 叶片不裂或深裂，椭圆形或近圆形。原产于北美洲，1909 年曾经在上海有标本记录（PE00607844），所记为上海花圃栽培，但之后几乎再无栽培，也未见有其他标本记录。

剑叶金鸡菊　大金鸡菊、线叶金鸡菊、剑叶波斯菊　**金鸡菊属** *Coreopsis*

***Coreopsis lanceolata* Linnaeus**

	状态
中　国	归化
华　东	归化

　　多年生草本。常生于公园绿地、沿海沙地或路边荒野①。茎基部成对簇生，有长柄，叶片长匙形或线状倒披针形②，上部叶全缘，有时 3 深裂，线形或线状披针形③。头状花序单生于枝端，具长花序梗，舌状花的舌片宽大，黄色④。瘦果圆形或椭圆形，边缘有宽翅。花期 5～8 月，果期 7～10 月。

　　原产于北美洲，归化于澳大利亚、南美洲、夏威夷、欧洲、南非和亚洲。1911 年从日本作为观赏植物引入台湾栽培，1917 年在广东省有标本记录，《广州常见经济植物》（1952 年）称其为"剑叶波斯菊"，南北各地常见栽培，有时逸为野生。华东地区亦有栽培，但栽培范围不及大花金鸡菊，归化于安徽、福建、山东和浙江。

两色金鸡菊　蛇目菊、二色金鸡菊、波斯菊　金鸡菊属 *Coreopsis*

Coreopsis tinctoria Nuttall

	状态
中国	归化
华东	归化

　　一年生草本。常生于公园绿地、房前屋后或路边荒野①。叶对生，二回羽状全裂，裂片线形，全缘②。头状花序多数，有细长花序梗，排列成伞房状或圆锥状③。舌状花倒卵形，上部黄色，基部和管状花红褐色④。瘦果长圆形或纺锤形，无膜质宽翅⑤。花期 5~9 月，果期 8~10 月。

　　原产于北美洲，归化于阿根廷、澳大利亚、欧洲和亚洲。1911 年从日本作为观赏植物引入台湾栽培，1922 年在广西有标本记录，《植物学大辞典》（1933 年版）称其为"波斯菊"，南北各地常见栽培，有时逸为野生。华东地区亦多有种植并归化，以长江流域为多。

秋英 大波斯菊、波斯菊 秋英属 *Cosmos*

Cosmos bipinnatus Cavanilles

	状态
中 国	入侵
华 东	归化

　　一年生草本。常生于公园绿地、房前屋后或路边荒野①。叶对生，二至三回羽状全裂，裂片线形，全缘②。头状花序单生，具长花序梗，舌状花色彩丰富，多为白色、粉红色或紫色，先端具牙齿状缺刻③。瘦果光滑无毛，上端具长喙，成熟时黑褐色④。花果期 6 ~ 10 月。

　　原产于美国和墨西哥，归化于南美洲、澳大利亚、新西兰、欧洲、南非和亚洲。1911 年从日本作为观赏植物引入台湾栽培，1926 年在江苏南京有标本记录，《植物学大辞典》（1933 年版）称其为"大波斯菊"，南北各地常见栽培并逸为野生，在西藏已入侵自然生态系统，威胁本土植物生长。广泛栽培并归化于华东地区，有时入侵果园和苗圃。

黄秋英　硫黄菊、硫磺菊　秋英属 *Cosmos*

Cosmos sulphureus Cavanilles

	状态
中国	入侵
华东	归化

　　一年生草本。常生于公园绿地、房前屋后或路边荒野①。叶对生，二回羽状深裂，裂片披针形，较秋英更宽②。头状花序具长花序梗，萼状苞片斜展，条状钻形③；舌状花红色、黄色至红橙色，顶端多少截形，小齿状④。瘦果线形，表面具糙毛，上端具长喙，成熟时黑褐色⑤。花果期 7~10 月。

　　原产于墨西哥，归化于南美洲、美国、非洲和亚洲，欧洲部分地区有栽培。1922 年在福建厦门有标本记录，作为观赏植物有意引入，1938 年又从日本引入台湾栽培，《广州常见经济植物》（1952 年）称其为"硫磺菊"，如今南北各地多有种植，常逸为野生。广泛栽培并归化于华东地区，有时入侵果园和苗圃。

澳洲山芫荽　南方山芫荽、南方山胡荽　山芫荽属 *Cotula*

Cotula australis (Sieber ex Sprengel) J. D. Hooker

	状态
中国	归化
华东	归化

　　一年生草本。见于荒地、公园草地或海边沙地①②。茎二歧分枝。叶互生，二回羽状深裂至全裂，裂片线形③，基部近抱茎。头状花序顶生或腋生，具长花序梗；边缘小花具花梗，无花冠，中央小花的花冠圆筒状，淡黄色④。瘦果倒卵形，边缘小花结的瘦果边缘薄翅状，中部小花结的瘦果无翅⑤。花果期 4～7 月。

　　原产于澳大利亚，归化于美洲、南非、加那利群岛、新西兰、夏威夷和亚洲。1994 年首次在福建省连江县有标本记录，2008 年在台湾新竹也有发现，可能是通过澳大利亚进出口粮食携带而来。目前其分布区域有限，在华东地区仅分布于福建省福州市。

		状态
	中国	入侵
	华东	入侵

野茼蒿 革命菜、昭和草、安南草 野茼蒿属 *Crassocephalum*

Crassocephalum crepidioides (Bentham) S. Moore

一年生草本。常生于山沟水边、林缘灌丛或路边草地①。叶椭圆形或长圆状椭圆形，边缘有不规则锯齿或重锯齿，有时基部羽状裂②。多个头状花序在茎顶端排成伞房状，均为管状花③，花冠红褐色或橙红色，檐部5齿裂④。瘦果狭圆柱形，赤红色，冠毛极多数，白色，绢毛状⑤。花果期7~12月。

原产于非洲热带地区，广泛归化于美国南部至中美洲、大洋洲和亚洲。20世纪30年代初从中南半岛蔓延入境至华南地区，1924年在广东和广西均有标本记录，1930年在贵州也有发现，主要分布于长江流域及其以南地区，常入侵农田、果园、茶园和苗圃。在华东地区分布于安徽南部、福建、江苏中南部、江西、上海和浙江。

相似种：蓝花野茼蒿 [*Crassocephalum rubens* (Jussieu ex Jacquin) S. Moore] 花冠蓝色⑥，瘦果深褐色。原产于非洲热带地区，分布于云南中南部。二者分布区有重叠的地区可发生自然杂交，形成花冠呈紫色的杂交种⑦。

白花地胆草　白花地胆头　地胆草属 *Elephantopus*

Elephantopus tomentosus **Linnaeus**

	状态
中国	入侵
华东	入侵

　　多年生草本。常生于路边灌丛或草地①。叶互生，椭圆形或长圆状椭圆形，具细锯齿，基部渐狭成具翅的柄，稍抱茎②。头状花序 12～20 个在茎枝顶端密集成团球状复头状花序，基部具 2 枚叶状总苞片③；花冠白色，漏斗状，较细小④。瘦果线状长圆形，冠毛污白色，具 5 条硬刚毛⑤。花果期 8 月至翌年 5 月。

　　原产于美国东南部，归化于美洲和亚洲的热带至亚热带地区。1894 年在香港有标本记录，为无意带入，曾被误当新种 *Elephantopus bodinieri* Gagnepain 发表。1931 年在福建也有发现，1933 年出现于海南，部分地区作药用植物栽培，主要分布于华南地区，有时入侵果园。在华东地区分布于福建和江西赣州。

梁子菜　饥荒草、美洲菊芹　菊芹属 *Erechtites*

Erechtites hieraciifolius (Linnaeus) Rafinesque ex Candolle

	状态
中国	入侵
华东	归化

　　一年生草本。常生于疏林下、林缘、山坡灌丛或路边草地。叶互生，无柄，披针形至长圆形，边缘具粗锯齿，有时为浅裂状①。头状花序圆柱形，多数，在茎枝顶端伞房状排列②；小花全部管状，外围的小花花冠丝状，中央的小花细漏斗状，花冠黄绿色③，有时具红色细纹④。瘦果扁圆柱形，冠毛白色。花果期 6 ~ 10 月。

　　原产于美洲热带地区，归化于东南亚地区。1938 年在云南有标本记录，可能自缅甸等地无意带入，20 世纪 70 年代扩散至云南中部地区，1999 年在贵州也有发现，目前主要分布于西南和华南地区，有时入侵茶园或果园。在华东地区分布于浙江中南部和福建。

　　相似种： 败酱叶菊芹 [*Erechtites valerianifolius* (Link ex Sprengel) Candolle]　该种叶具柄，叶片长圆形至椭圆形，常为羽状深裂⑤；花冠淡红色⑥。原产于热带美洲，归化于华南地区，福建南部有少量分布。

一年蓬　白顶飞蓬、治疟草、女菀、墙头草、牙根消　飞蓬属 *Erigeron*

Erigeron annuus (Linnaeus) Persoon

	状态
中国	入侵
华东	入侵

　　一年生或二年生草本。常生于山坡草丛或路边旷野①。基部叶长圆形或宽卵形，基部渐狭成具翅的长柄②，在花期枯萎。中上部叶较小，长圆状披针形或披针形，边缘具不规则细齿或近全缘③。多数头状花序排列成疏圆锥状④，外围雌花舌状，中间两性花管状，舌片白色，线形，宽约 0.6 mm ⑤。瘦果披针形，冠毛异形，雌花的冠毛极短，两性花的冠毛 2 层⑥。花果期几乎全年，盛花期 6~9 月。

　　原产于北美洲东部地区，广泛分布于北半球亚热带至温带地区。1888 年在上海有分布记录，早期的标本记录多来自江浙沪地区，后逐渐扩散，如今广泛分布于南北各地，发生量大，常入侵农田、果园、茶园、苗圃和公园绿地，于 2014 年被列入中国外来入侵物种名单（第三批）。广泛分布于华东地区。

　　相似种： 粗糙飞蓬（*Erigeron strigosus* Muhlenberg ex Willdenow）　基生叶匙形或倒披针形⑦，茎生叶较少且窄，常较厚。原产于美国北部，因与一年蓬极相似而常被错误鉴定，1993 年首次报道于上海，2014 年在浙江宁波亦有分布报道，但其分布区域尚待考证。

香丝草 野塘蒿、蓑衣草、黄蒿子、灰绿白酒草、美洲假蓬 飞蓬属 *Erigeron*

Erigeron bonariensis Linnaeus

		状态
中国		入侵
华东		入侵

一年生或二年生草本。常生于田间地头或路边荒地①。植株高度常在 0.5 m 左右。叶密集，中上部叶狭披针形或线形，中部叶具齿，上部叶全缘，两面均密被贴糙毛②。头状花序较少，总状或圆锥状排列③，头状花序直径 8～10 mm，总苞片长约 5 mm，无舌状花④。瘦果线状披针形，冠毛淡红褐色⑤。花果期 5～10 月。

原产于南美洲，广泛分布于世界热带至暖温带地区。1857 年首次在香港采到标本，为无意带入，之后不久便向北扩散至长江流域，祁天锡《江苏植物名录》（1921 年）称其为"野塘蒿"，目前主要分布于长江流域及其以南地区，华北地区有少量分布，常入侵农田和果园。广泛分布于华东地区，唯山东省分布较少。

小蓬草 飞蓬、加拿大蓬、小白酒草、小飞蓬、野塘蒿 飞蓬属 *Erigeron*

Erigeron canadensis Linnaeus

	状态
中 国	入侵
华 东	入侵

一年生草本。常生于田间地头或路边荒地①。植株常鲜绿色，高可达 2 m。叶密集，中上部叶线状披针形或线形，全缘或少有具 1~2 齿，两面或仅上面被疏短毛②。头状花序多数，排列成多分枝的大型圆锥花序③，头状花序直径 3~4 mm，总苞片长 2.5~4 mm，舌状花极小，线形④。瘦果线状披针形，冠毛污白色⑤。花果期 5~10 月。

原产于北美洲至巴拿马，广泛分布于世界热带至暖温带地区。1860 年在山东烟台发现，为无意带入，传播速度快，1886 年在浙江宁波和湖北宜昌均有发现，1887 年到达四川南溪。如今广泛分布于南北各地，常入侵秋收作物田、果园、茶园、苗圃和绿地，危害严重，于 2014 年被列入中国外来入侵物种名单（第三批）。广泛分布于华东地区。

		状态
中国		入侵
华东		入侵

春飞蓬 费城飞蓬、春一年蓬 飞蓬属 *Erigeron*

Erigeron philadelphicus Linnaeus

一年生或二年生草本。常生于疏林下、田间地头、路边荒地或公园绿地①。茎生叶长圆状倒披针形至披针形，近全缘，基部下延，耳状抱茎②。头状花序数枚，排成伞房状或圆锥状③，外围雌花舌状，中间两性花管状，舌片白色，有时粉红色，线形，宽约 0.4 mm ④。瘦果披针形，冠毛污白色⑤。花果期 4~8 月。

原产于北美洲东部地区，归化于欧洲西部、毛里求斯、日本和中国。19 世纪末发现于上海，为无意带入，初期仅分布于上海，直到 2008 年左右在浙江、江苏局部地区大量发生，并于此阶段迅速向外扩散，向北已至辽宁大连，向西已达陕西西安。主要分布于华东地区，安徽、江苏、江西、上海和浙江多有分布，尤其在上海危害严重，常入侵农田、果园和绿地。

苏门白酒草　　飞蓬属 *Erigeron*

Erigeron sumatrensis Retzius

　　一年生或二年生草本。常生于山坡草地、田间地头或路边荒地①。植株常灰绿色，高常在 1 m 以上。叶密集，中上部叶狭披针形或近线形，具齿或全缘，两面特别下面密被糙短毛②。头状花序多数，排列成大而长的圆锥状花序③，头状花序直径 5～8 mm，总苞片长约 4 mm，舌状花极短，丝状④。瘦果线状披针形，冠毛初时白色，后变黄褐色⑤。花果期 5～10 月。

　　原产于南美洲，广泛分布于世界热带至暖温带地区。19 世纪中期发现于香港，为无意带入，1933 年在海南也有发现，之后逐渐扩散至长江流域。目前主要分布于长江流域及其以南地区，其他地区偶见，常入侵农田、果园和苗圃，于 2014 年被列入中国外来入侵物种名单（第三批）。在华东地区广泛分布于安徽、江苏、江西、上海和浙江，福建和山东较少见。

黄顶菊　二齿黄菊　黄顶菊属 *Flaveria*

Flaveria bidentis (Linnaeus) Kuntze

	状态
中 国	入侵
华 东	入侵

　　一年生草本。常生于田间地头、山坡草地或路边荒地①。叶对生，披针形至椭圆形，边缘有小锯齿，基部三出脉②。头状花序扁卵状，在枝顶排成多个蝎尾状聚伞花序③，舌状花 0 或 1，管状花 2～8，花冠黄色④。瘦果倒披针形或近棒状⑤，无冠毛。花果期 7～10 月。

　　原产于南美洲，归化于美国、欧洲西部、非洲和亚洲。2003 年在天津南开大学附近首次出现，为无意带入，之后逐渐在华北地区扩散，在河南和河北多有分布，常入侵农田和果园，危害严重，其分布区仍在不断扩大，于 2010 年被列入中国第二批外来入侵物种名单。在华东地区分布于山东和安徽（蚌埠），其中在山东省已有大面积分布，于 2019 年始发现于安徽，说明该种正向南扩散。

牛膝菊 辣子草、向阳花、小米菊 牛膝菊属 *Galinsoga*

Galinsoga parviflora Cavanilles

	状态
中国	入侵
华东	入侵

　　一年生草本。常生于路边荒地、草地、田间、村旁或溪边①。茎下部近无毛。叶对生，卵形或长圆状卵形，边缘具浅锯齿或波状，有时全缘②。头状花序半球形，具长梗，在茎枝顶端伞房状排列；总苞片常光滑，舌状花 4 ~ 5，舌片白色，极小③。瘦果黑色或黑褐色，常压扁④，具膜片状冠毛，边缘流苏状⑤。花果期 7 ~ 10 月。

　　原产于美洲加勒比地区，广泛分布于世界热带至温带地区。1914 年在云南省剑川县有标本记录，为无意带入，1919 年发现于西藏，1929 年在浙江也有发现，广泛分布于南北各地，以西南地区为多，常入侵农田和果园。广泛分布于华东地区，但种群数量不大。

	状态
中国	入侵
华东	入侵

粗毛牛膝菊　　粗毛辣子草、粗毛小米菊　　牛膝菊属 *Galinsoga*

Galinsoga quadriradiata Ruiz & Pavon

　　一年生草本。常生于路边荒地、草地、田间、村旁或溪边①。茎密被贴伏短柔毛和少量腺毛②。叶对生，卵形或长圆状卵形，边缘具钝齿或浅齿③。头状花序半球形，具长梗，在茎枝顶端伞房状排列；总苞片常具腺毛，舌状花 5，舌片白色，明显较牛膝菊的大④⑤。瘦果黑色或黑褐色，具膜片状冠毛，边缘流苏状⑥。花果期 7～10 月。

　　原产于墨西哥，广泛分布于北半球的热带至温带地区。1943 年在四川成都有标本记录，为无意带入，可能随园艺活动传播扩散，1956 年发现于江西，1958 年在贵州出现，广泛分布于南北各地，以长江中下游流域为多，常入侵农田和果园。广泛分布于华东地区。该种和牛膝菊易混淆，其种群数量和分布密度远高于牛膝菊，尤其是华东地区。

匙叶合冠鼠麹草　　匙叶鼠麹草　　合冠鼠麹草属 *Gamochaeta*

Gamochaeta pensylvanica (Willdenow) Cabrera

	状态
中国	入侵
华东	入侵

　　一年生草本。常生于路边荒地、草丛、田间或房前屋后①。叶互生，向上叶片大小几乎不变②，叶片倒披针形至匙形，具松散的蛛丝状毛，全缘或微波状③。头状花序多数，簇生于叶腋，形成多少与叶相间的穗状圆锥花序④。头状花序小，密被蛛丝状毛，边缘小花的花冠丝状。瘦果长圆形，冠毛绢毛状，污白色⑤。花果期 12 月至翌年 5 月。

　　原产于南美洲，归化于北美洲、澳大利亚、新西兰、非洲南部、欧洲西南部和亚洲。1861 年在香港有分布记录，当时该种被误定为 *Gnaphalium purpureum* Linnaeus，之后又被误当作新种 *Gnaphalium chinense* Gandoger 发表，为无意带入，主要分布于长江流域及其以南地区，有时入侵农田和果园。在华东地区分布于福建、江西、上海和浙江。

	状态
中国	入侵
华东	入侵

裸冠菊　光冠水菊、光叶水菊、河菊　裸冠菊属 *Gymnocoronis*

Gymnocoronis spilanthoides (D. Don ex Hooker & Arnott) Candolle

　　多年生草本。常生于水田、池塘等湿地环境中①②。叶对生，披针形至卵形，边缘有锯齿，两面近无毛，叶柄具狭翼③。头状花序在茎上部呈疏松伞房状排列，花序梗密被腺毛，小花受精后下垂；花冠白色，花柱分枝细长，顶端棒状，白色或粉色，明显向外伸展④。瘦果棱柱状，成熟时黑色，无冠毛。花果期 8～10 月。

　　原产于南美洲热带和亚热带地区，归化于澳大利亚和新西兰，匈牙利、印度和日本也有分布。2004 年首次在台湾报道归化，作为水族箱造景的水生植物有意引入，后逸为野生，2006 年发现于广西阳朔漓江边，2010 年在浙江也有发现，目前分布区尚窄，但该种极易入侵水生生态系统，形成大面积种群，需格外警惕。在华东地区仅见于浙江省岱山县。

菊芋 地姜、鬼仔姜、阳芋、洋姜、五星草   向日葵属 *Helianthus*

Helianthus tuberosus Linnaeus

	状态
中国	归化
华东	归化

多年生草本。常生于田间地头、路边草地或旷野荒地①。根状茎横走，先端膨大成块茎。叶通常对生，有时上部叶互生，卵圆形至长椭圆形，边缘有粗锯齿，离基三出脉②。头状花序较大，单生于枝端③，管状花花冠黄色，舌状花通常 12 ~ 20，舌片黄色，开展④。瘦果近圆柱状，密被短毛，顶端具 2 ~ 4 个锥状扁芒。花果期 8 ~ 9 月。

原产于北美洲，于 17 世纪引入欧洲，现在广泛栽培并归化于澳大利亚、新西兰、欧洲和亚洲亚热带至温带地区，南美洲的阿根廷和乌拉圭也有分布。1914 年在浙江有标本记录，作为食用或饲料植物有意引入，其块茎富含淀粉，如今南北各地广泛栽培并逸为野生。华东地区亦多有栽培，并广泛归化于各地。

假蒲公英猫儿菊　猫儿菊、欧洲猫耳菊　猫儿菊属 *Hypochaeris*

Hypochaeris radicata Linnaeus

		状态
中国		归化
华东		归化

　　多年生草本。见于路边草地、荒坡或林缘①。具肉质直根②。叶莲座状，基部变窄，倒披针形，边缘不裂至羽状浅裂③。数个头状花序排列成稀疏的伞房状，花序梗长④。总苞片披针形，小花长度远远超过总苞，花冠亮黄色⑤。瘦果褐色，圆柱状，冠毛2层，内层羽状，外层糙毛状且短于内层。花果期8~10月。

　　原产于非洲北部、欧洲至西亚，归化于非洲南部、澳大利亚、美洲、夏威夷、印度和东亚。1974年首次在台湾南投采到该种标本，为无意带入，后来在福建、江西、重庆、四川、广东、云南昆明和湖南永州等地也有发现，呈现快速扩散的趋势，且具有强烈的杂草性和入侵性，需引起警惕。在华东地区见于福建省宁德市，种群较小，但在江西庐山植物园有成片生长的种群。

糙毛狮齿菊　硬毛狮牙苣　狮齿菊属 *Leontodon*

Leontodon hispidus Linnaeus

	状态
中国	归化
华东	归化

　　多年生草本。见于河滩或路边草地①。叶莲座状，倒披针形或倒卵状披针形②，边缘羽状浅裂至波状，两面密被硬毛③。花葶多个，长于叶，头状花序单生于花葶之上④；头状花序具舌状花 30～50，花冠黄色⑤，最边缘的舌片背面具紫黑色条纹⑥。瘦果纺锤形或近圆柱形，先端密布短喙状凸起，冠毛两型，外层王冠状，内层长羽毛状⑦。花果期 5～9 月。

　　原产于欧洲大部分地区、小亚细亚、高加索地区和伊朗，归化于非洲北部、北美洲、新西兰和东亚。2015 年首次在山东发现，可能随进口草皮种子夹带而入，该种形似**蒲公英**（*Taraxacum mongolicum* Handel-Mazzetti），果实易随风力传播。目前仅见于山东威海（山东大学海洋学院），为草坪杂草。该种与**蒲公英状狮牙苣**（*Leontodon saxatilis* Lamarck）相近，后者花较小，小花 20～30 朵，两者可能存在杂交的现象。

薇甘菊 蔓菊、米干草、山瑞香、小花蔓泽兰 假泽兰属 *Mikania*

Mikania micrantha Kunth

	状态
中国	入侵
华东	入侵

多年生草质攀缘藤本。常生于路边荒地、草丛、林缘及林间或公园绿地①②。叶对生，卵形，基部深凹或心形，边缘全缘至粗齿状，两面具多数腺点③。头状花序多数，在枝端呈伞房或复伞房状排列④；头状花序含小花4朵，花冠宽钟状，白色，花丝常外伸⑤。瘦果长椭圆形，具纵肋，冠毛污白色⑥。花果期几乎全年。

原产于南美洲至墨西哥，广泛分布于世界热带至亚热带地区。1884年在香港动植物公园就已有栽培记录，1919年在哥赋山采到逸生标本；1910年在中国大陆地区有发现，之后逐渐在华南地区扩散蔓延，主要分布于华南至西南地区，常入侵果园和林地，被称为"生态杀手"，被列入"世界上最严重的100种外来入侵物种"，于2003年被列入中国第一批外来入侵物种名单。在华东地区分布于福建、江西赣州和浙江温州，有进一步向北扩散的趋势。

银胶菊 美洲银胶菊 银胶菊属 *Parthenium*

Parthenium hysterophorus Linnaeus

	状态
中国	入侵
华东	入侵

　　一年生草本。常生于河边、坡地、林缘或路边荒地①②。叶互生，二回羽状深裂，裂片具粗齿③，茎上部叶有时指状 3 裂。头状花序多数，在茎枝顶端呈开展的伞房状排列④；头状花序小，放射状，具舌状花 5，顶端 2 裂，花冠银白色⑤。瘦果倒卵形，成熟时包于棕色苞片内⑥，冠毛 2，鳞片状。花果期 4～10 月。

　　原产于美洲，但其确切原产地尚不清楚，可能为墨西哥至南美洲，分布于世界热带至亚热带地区，欧洲的比利时和波兰也有分布。1932 年在广东省大埔县有标本记录，在南亚和东南亚归化后蔓延入境，1939 年在云南也有发现，主要分布于华南至西南地区，常入侵农田和果园，具化感作用，于 2010 年被列入中国第二批外来入侵物种名单。在华东地区分布于福建、江苏（连云港）、江西（赣州和南昌）和山东（临沂）。

翼茎阔苞菊　阔苞菊属 *Pluchea*

Pluchea sagittalis (Lamarck) Cabrera

	状态
中国	归化
华东	归化

　　多年生草本。见于旷野空地、河床沼泽、海滨或路边草地①。茎明显具翼，叶互生，披针形至椭圆形，边缘具浅齿②。多数头状花序在茎枝顶端呈伞房状排列③；总苞半球形，边缘小花多数，花冠白色，有时内层小花的先端略带紫色，中心小花 50～60 朵，花冠白色，先端为紫色④。瘦果倒披针形，冠毛初为白色，后变淡黄色⑤。花期 3～10 月。

　　原产于南美洲，归化于美国东南部和中国。1994 年在台湾采到标本，可能随引种或国际交往无意带入，2007 年在广州也有发现，主要分布于华南地区，2018 年在湖南也有分布报道，分布区域较为有限。在华东地区则仅见于福建省。

假臭草　猫腥菊　假臭草属 *Praxelis*

Praxelis clematidea R. M. King & H. Robinson

	状态
中国	入侵
华东	入侵

　　一年生草本。常生于路边荒地、山坡草地、田间、林缘或林下①。全株被长柔毛。叶对生，卵形，具三出脉，具腺点，边缘牙齿状②。少数头状花序在茎枝顶端呈伞房状排列③；总苞狭钟形，花冠蓝紫色，花柱分枝明显外伸④。瘦果成熟时黑色，冠毛直立，灰白色⑤。花果期几乎全年。

　　原产于南美洲，归化于美国、澳大利亚和中国。20世纪80年代在香港首次被发现，曾被误认为是藿香蓟而未引起重视，至90年代开始在深圳有发现，后来陆续扩散至华南其他地区，通过花卉贸易无意带入，主要分布于华南和西南地区，常入侵农田和果园，危害极大，于2014年被列入中国外来入侵物种名单（第三批）。在华东地区分布于福建和江西，浙江温州有少量分布。

加拿大一枝黄花　北美一枝黄花、黄花草　一枝黄花属 *Solidago*

Solidago canadensis Linnaeus

	状态
中国	入侵
华东	入侵

多年生草本。常生于开阔地、疏林下或路边荒地①。叶互生，披针形或线状披针形，边缘具锐齿或波状浅钝齿，两面被糙毛②。圆锥状花序顶生，分枝蝎尾状，开展至反曲，上侧着生多数头状花序③。总苞狭钟状，边缘舌状花 10～18，花冠黄色④。瘦果近圆柱状，冠毛污白色⑤。花果期 7～11 月。

原产于北美洲，归化于澳大利亚、新西兰和北温带地区。1926 年在浙江德清莫干山有标本记录，作为观赏植物有意引入，1936 年江西庐山植物园有引种栽培，徐炳声先生的《上海植物名录》（1959 年）首次报道在上海归化，20 世纪 80 年代扩散蔓延成恶性杂草，主要分布于华南、华东至华中地区，具有极高的入侵性，于 2010 年被列入第二批中国外来入侵物种名单。广泛分布于华东地区。

各地常见的园艺栽培品种黄莺（*Solidago* 'Golden Wings'）外形与加拿大一枝黄花相似，其差别仅表现在数量性状上，如茎上部被毛多少和植株茎、叶粗糙程度等，该种常用作园林配置和生产切花，分子标记技术研究表明黄莺属于加拿大一枝黄花复合群，但几乎不结实。

裸柱菊 假吐金菊、座地菊 裸柱菊属 *Soliva*

Soliva anthemifolia (Jussieu) R. Brown

	状态
中国	入侵
华东	入侵

　　一年生矮小草本。常生于路边草地或田间地头①。茎极短。叶互生，二至三回羽状分裂，裂片线形，全缘或 3 裂②。头状花序近球形，无梗，生于茎基部③；总苞片 2 层，边缘的雌花多数，无花冠，中央的两性花少数，花冠管状，黄色④。瘦果倒披针形，扁平，有厚翅⑤，也可进行根茎繁殖⑥。花果期几乎全年。

　　原产于南美洲，归化于北美洲、亚洲和澳大利亚、新西兰、毛里求斯。1854 年在香港已有标本记录，可能为通过旅行和贸易等国际交往无意带入，之后逐渐向内陆地区扩散，主要分布于长江流域及其以南地区，常入侵农田和公园绿地。在华东地区分布于安徽、福建、江苏、江西、上海和浙江。

翅果裸柱菊　翅果假吐金菊、翼子裸柱菊　裸柱菊属 *Soliva*

Soliva sessilis Ruiz & Pavón

	状态
中国	归化
华东	归化

　　一年生草本。见于路边空地或草地①。具匍匐茎，分枝上升②。叶互生，三回羽状分裂，裂片长圆形，全缘，两面被毛③。头状花序单生叶腋，无梗，总苞半球形，边缘雌性小花 13 ~ 15 朵，能育，无花冠，中央花 5~6 朵，不育，花冠绿色④。瘦果扁平，顶端具细长的宿存花柱⑤，具有薄而扁平的侧翼，侧翼顶端有 2 刺突，中下部窄缩，呈马褂形⑥。花果期几乎全年。

　　原产于南美洲，归化于北美洲、澳大利亚、新西兰、非洲南部、欧洲南部和中国。1982 年首次在台湾台北阳明山采到标本，可能随国际贸易或旅行无意带入，21 世纪初在上海也有发现，分布区域有限。在华东地区仅见于上海（上海植物园和辰山植物园）。

花叶滇苦菜　续断菊　苦苣菜属 *Sonchus*

Sonchus asper (Linnaeus) Hill

	状态
中国	入侵
华东	入侵

　　一年生草本。常生于路边荒地、山坡草地、水边、林缘或疏林下①。叶互生，长披针形、椭圆形至匙状椭圆形，基部耳状抱茎，边缘密生刺状尖齿②③。数个头状花序在茎枝顶端呈稠密的伞房状排列；总苞宽钟状，舌状小花黄色④。瘦果倒披针状，褐色，两面各有 3 条细纵肋，肋间无横皱纹，冠毛白色⑤。花果期 5～10 月。

　　原产于非洲、欧洲至西亚，归化于美洲、太平洋岛屿、澳大利亚、新西兰和东亚。据记载，1908 年在澳门首次采到标本，但该标本未见。1911 年在黑龙江有采集，为无意带入，存在多次输入的可能，祁天锡的《江苏植物名录》（1921 年）称其为"续断菊"，南北各地多有分布，常入侵农田和公园绿地。广泛分布于华东地区。

　　相似种：苦苣菜（*Sonchus oleraceus* Linnaeus）　叶羽状深裂至浅裂，无刺状尖齿⑥；瘦果有横皱纹。该种在以往文献中常视为外来种，事实上为欧亚大陆广布种，其原产地已不可考，中国古代就已经有该种的记载。

南美蟛蜞菊　美洲蟛蜞菊、三裂蟛蜞菊　蟛蜞菊属 *Sphagneticola*

Sphagneticola trilobata (Linnaeus) Pruski

	状态
中国	入侵
华东	入侵

多年生草本。常生于路边荒地、山坡草地、河边、林缘或疏林下①。茎匍匐，节上生根②。叶对生，稍肉质，椭圆形或披针形，边缘具三角形裂片或粗锯齿③。头状花序单生叶腋，花序梗细长，花冠黄色，舌片先端具 3 或 4 齿④。瘦果黑色，棍棒状，具棱角⑤。花果期几乎全年。

原产于美洲热带地区，广泛栽培并归化于世界热带至南亚热带地区。20 世纪 70 年代作为地被植物引入台湾栽培，1982 年在台湾屏东采到归化的标本，后又引入华南地区栽培并逸为野生，目前主要分布于华南至西南地区，常入侵草地和湿地，被列入"世界上最严重的 100 种外来入侵物种"。在华东地区分布于福建和江西赣州。

据报道，南美蟛蜞菊可与国产种蟛蜞菊 [*Sphagneticola calendulacea* (Linnaeus) Pruski] 发生天然杂交，形成了杂交种广东蟛蜞菊（*Sphagneticola* × *guangdongensis* Q. Yuan），三者的区别主要在于叶形上。

钻叶紫菀

钻形紫菀、窄叶紫菀、美洲紫菀　**联毛紫菀属** *Symphyotrichum*

Symphyotrichum subulatum (Michaux) G. L. Nesom

	状态
中国	入侵
华东	入侵

一年生草本。常生于路边荒地、草地、沟渠、湿地或田间地头①。植株有时稍肉质，茎基部略带红色。叶互生，披针形至线状披针形，边缘具细锯齿②。极多数头状花序在茎枝顶端伞房状或圆锥状排列③，总苞圆柱状④，舌状花狭小，舌片白色至淡红色，管状花黄色⑤。瘦果常具 5 条纵棱，冠毛淡褐色⑥。花果期 8 ~ 10 月。

原产于美洲，广泛分布于世界亚热带至温带地区。1921 年在浙江杭州有标本记录，可能通过贸易或旅行等无意带入华东地区，后扩散至其他省区，南北各地多有分布，为秋收作物田和水稻田常见杂草，危害严重，于 2014 年被列入中国外来入侵物种名单（第三批）。广泛分布于华东地区。

钻叶紫菀形态变异大，有学者根据其舌状花、冠毛和总苞片等的差异将其细分为 5 个变种，其中 4 个已入侵中国：**长舌紫菀**（var. *ligulatum*）、**古巴紫菀**（var. *parviflorum*）、**夏威夷紫菀**（var. *squamatum*）和原变种**钻叶紫菀**。

金腰箭　黑点旧　金腰箭属 *Synedrella*

Synedrella nodiflora (Linnaeus) Gaertner

	状态
中国	入侵
华东	入侵

　　一年生草本。常生于路边荒地、旷野山坡、房前屋后或田间地头①。茎常二歧状分枝。叶对生，阔卵形至卵状披针形，近基部三出脉，边缘具细锯齿②。头状花序常 2 ~ 6 朵簇生于叶腋，总苞卵形或长圆形，舌状花舌片黄色，顶端 2 浅裂③。瘦果深黑色，具两种形态，雌花瘦果倒卵状长圆形，边缘具 6 ~ 8 个长硬尖刺，两性花瘦果倒锥形，具 2 ~ 5 根刚刺状冠毛④⑤。花果期 6 ~ 10 月。

　　原产于美洲热带地区，广泛分布于世界亚热带至温带地区。20 世纪初在香港就已出现，1912 年在香港已是常见杂草，1917 年在广东有标本记录，经旅行或贸易无意带入，1927 年在海南亦有发现，之后逐渐在华南地区扩散，并蔓延至西南地区，常入侵农田和经济林。在华东地区分布于福建南部和江西赣州。

　　相似种：金腰箭舅（*Calyptocarpus vialis* Lessing）　植株较矮小，茎匍匐，瘦果具 2 根芒刺状冠毛。原产于古巴、墨西哥和美国南部，在中国见于台湾和云南元江。

万寿菊　臭芙蓉、臭菊花　万寿菊属 *Tagetes*

Tagetes erecta Linnaeus

	状态
中国	归化
华东	归化

　　一年生草本。生于花坛或路边荒地①。叶对生，羽状分裂，裂片长椭圆形，边缘具锐锯齿，沿叶缘有少数腺体②。头状花序单生，花序梗顶端棍棒状膨大③；舌状花舌片倒卵形，黄色或暗橙色，管状花花冠黄色④。瘦果线形，成熟时黑色。花果期 7 ~ 10 月。

　　原产于墨西哥，作为观赏植物被广泛引种栽培并归化于南北美洲、非洲、英国以及欧洲东南部、新西兰和亚洲。清代康熙年间的《秘传花镜》（1688 年）记载："万寿菊不从根发，春间下子。花开黄色，繁而且久。"作为观赏植物有意引入，初次引入地可能为东南沿海，如今南北各地常见栽培，并逸为野生。华东地区亦普遍种植并归化。

　　相似种：孔雀草（*Tagetes patula* Linnaeus）　花直径较小，舌片常带红色斑块。该种已作为万寿菊的异名归并，各地亦常见栽培品种⑤。此外，**芳香万寿菊**（*Tagetes lemmonii* A. Gray）近年来栽培正逐渐增多，福建、上海和浙江等地均有栽培，该种生长极为旺盛，在云南已有归化⑥，需注意警惕。

印加孔雀草 小花万寿菊、细花万寿菊 万寿菊属 *Tagetes*

Tagetes minuta Linnaeus

	状态
中国	入侵
华东	入侵

一年生草本。生于路边荒地、草丛、沟渠边或干涸河床①。全株具强烈的刺激性气味。茎多分枝,植株高可达 2.5 m。叶对生,羽状全裂,裂片披针形,叶轴具狭翅②;托叶羽状深裂,裂片顶端呈细芒状③。头状花序多数,在枝顶呈密集伞房状排列④;总苞狭圆柱形,舌状花 2 或 3,舌片小,花冠乳白色至黄色⑤。瘦果线形,包于总苞内⑥,熟时黑色,冠毛刚毛状。花果期 7 ~ 10 月。

原产于南美洲,广泛栽培并归化于北美洲、夏威夷、非洲、澳大利亚、新西兰、欧洲南部和亚洲。1990 年在中国科学院北京植物园草坪上采到标本,可能随进境草种或花卉种子被无意带入,2006 年在台湾报道归化,之后相继在北京、西藏等地归化,常入侵农田和草场。在华东地区则分布于江苏连云港和山东,但在各大粮食进境口岸时有发现,需加强警惕。

药用蒲公英　西洋蒲公英、洋蒲公英　蒲公英属 *Taraxacum*

Taraxacum officinale F. H. Wiggers

	状态
中国	入侵
华东	入侵

　　多年生草本。常生于森林草甸、路边荒地、草坪或田间地头①。叶丛生，狭倒卵形至长椭圆形，大头羽状深裂或浅裂，裂片三角形，全缘或具牙齿②。花葶多数，长于叶，顶端被丰富的蛛丝状毛，基部常显红紫色③。头状花序的总苞宽钟状，外层总苞片先端无角状增厚，常反卷④；花冠亮黄色⑤。瘦果浅黄褐色，中部以上有大量小尖刺⑥，冠毛白色⑦。花果期 3 ~ 8 月。

　　原产于非洲北部、欧洲至西亚，广泛归化于世界热带至温带地区。该种最早以其异名 *Taraxacum densleonis* Desfontaines 被记载于 *Flora HongKongensis*（1861 年）中，可能是混于进口草皮或花卉种子中无意带入，1930 年在山东青岛也有发现，20 世纪 50 年代后出现于华东地区，之后许多省市有栽培并作为保健蔬菜食用，常入侵草坪和农田。在华东地区分布于安徽、江苏、江西、上海和浙江，福建和山东少见。

肿柄菊 假向日葵、树葵、王爷葵 肿柄菊属 *Tithonia*

Tithonia diversifolia (Hemsley) A. Gray

	状态
中国	入侵
华东	入侵

一年生草本。常生于路边荒地、林缘、疏林下、房前屋后或向阳山坡①。植株高大，高 2~5 m，茎粗壮直立②。叶互生，卵形或卵状三角形，3~5 深裂，裂片卵形或披针形，边缘有细锯齿③。头状花序直径大，花序梗长④，花冠黄色，顶端具不明显 3 裂⑤。瘦果长椭圆形，扁平，被短柔毛⑥。花果期 9 月至翌年 1 月。

原产于墨西哥至巴拿马，分布于南北美洲、太平洋岛屿、澳大利亚、非洲和亚洲。1910 年自新加坡作为观赏植物引入台湾栽培，1921 年在香港有标本记录，1935 年发现于云南，之后在华南和云南地区逐渐扩散，常入侵林间，形成单优群落，排挤本土物种。在华东地区仅分布于福建。

相似种：圆叶肿柄菊 [*Tithonia rotundifolia* (Miller) S.F. Blake] 叶阔卵形，不裂，舌状花常为橙红色⑦。原产于中美洲，中国南方地区时有栽培，尚未见有逸生。

羽芒菊　长柄菊　羽芒菊属 *Tridax*

Tridax procumbens Linnaeus

	状态
中国	入侵
华东	入侵

　　多年生草本。常生于路边荒地、山坡旷野或草地①。叶对生，披针形至卵形，边缘有不规则的粗齿和细齿，近基部常浅裂，基部三出脉②。头状花序单生于茎枝顶端，花序梗长③，总苞钟形，背面密被毛④，舌状花的舌片长圆形，顶端 2～3 浅裂，白色⑤。瘦果陀螺形或倒圆锥形，黑色，表面密生柔毛⑥，冠毛羽毛状，污白色⑦。花果期 8～11 月。

　　原产于美洲热带地区，广泛分布于世界热带至南亚热带地区。1928 年在台湾有标本记录，随贸易或旅行等国际交往无意带入，1939 年在香港也有发现，1947 年出现在西沙群岛，后逐渐扩散至华南和西南地区，常入侵农田和公园绿地。在华东地区则仅分布于福建。

北美苍耳 平滑苍耳、蒙古苍耳 苍耳属 *Xanthium*

Xanthium chinense Miller

		状态
中国		入侵
华东		入侵

　　一年生草本。常生于河岸荒地、旷野草地或干旱山坡①。叶互生，宽卵状三角形或近圆形，3~5浅裂，裂片边缘牙齿状，基部心形②。头状花序圆锥状排列，腋生或假顶生，雄花序黄白色，雌花序生于雄花序之下③。刺果纺锤形，顶端具2个长3~6 mm的锥状喙，幼时黄绿或绿色④⑤，成熟后常变黄褐色至红褐色。花果期7~9月。

　　原产于北美洲，广泛分布于世界热带至温带地区。关于北美苍耳，李振宇先生有考证：Miller（1768）发表该种时误将其原产地写成中国，但不久后Miller（1771）本人对此作了纠正，指出W. Houston于1730年首次在墨西哥的韦拉克鲁斯发现该种的天然种群，同时指出该种与较晚发表的*Xanthium glabratum* Britton（**平滑苍耳**）为同一种植物；19世纪初该种的刺果附着在北美浣熊皮上被带入欧洲，直到1929年吉野善介在日本冈山县采到标本，1933年日本学者中井猛之进（T. Nakai）等在内蒙古赤峰市采到中国境内的标本，1936年北川政夫（M. Kitagawa）误将该种作新种**蒙古苍耳**（*X. mongolicum* Kitagawa）发表，不久该种在哈尔滨和热河出现；因此，北美苍耳可能自日本传入我国东北地区。如今南北各地多有分布，常入侵农田，且已严重威胁本土种**偏基苍耳**（*X. inaequilaterum* A. Candolle）的生存。广泛分布于华东地区。

　　相似种：苍耳 [*Xanthium strumarium* subsp. *sibiricum* (Patrin ex Widder) Greuter]　刺果成熟时灰绿色，刺较稀疏而更加粗壮，顶端两喙较短⑥⑦。国产种，南北各地广泛分布。

密刺苍耳　意大利苍耳　苍耳属 *Xanthium*

Xanthium orientale Linnaeus

	状态
中国	入侵
华东	入侵

一年生草本。常生于荒地、田间、河滩边或沟边路旁①。叶互生，三角状卵形至宽卵形，基部三出脉，边缘具不规则的浅钝齿、小牙齿或小裂片，基部浅心形至宽楔形②。雄头状花序球形，排成总状，腋生或假顶生，生于雌花序的上方③。刺果矩圆形，顶端具 2 个锥状喙④，表面密被倒钩刺，刺的中下部密被扁平的硬糙毛和短腺毛⑤。花果期 7～9 月。

原产于美国和加拿大，分布于中南美洲、欧洲、非洲、亚洲北部和大洋洲。该种于 1982 年被收录于当时的农牧渔业部植物检疫试验所发布的《植物检疫研究报告——检疫性杂草》中，1991 年发现于北京市昌平区，随进口农产品特别是羊毛等裹携输入，广泛分布于东北和西北地区，存在多次输入的可能，常入侵农田，于 1997 年被列为中国入境检疫三类有害生物。在华东地区分布于山东青岛、威海和烟台等沿海城市。

百日菊　百日草、火毡花、鱼尾菊、节节高　百日菊属 *Zinnia*

Zinnia elegans Jacquin

	状态
中 国	归化
华 东	归化

一年生草本。常生于路边荒地、旷野或山坡草地①。叶对生，宽卵圆形或长圆状椭圆形，基部心形稍抱茎，基部三出脉②。头状花序单生枝顶，花序梗中空，不肥壮，总苞宽钟状，总苞片多层③；花序直径 5 ~ 6.5 cm，舌状花色彩丰富，管状花橙黄色④⑤。瘦果倒卵圆形，扁平。花果期 6 ~ 10 月。

原产于墨西哥，归化于南北美洲、欧洲南部和亚洲。1915 年在江苏省有标本记录，1922 年在福建厦门也有采集，均为栽培状态，作为花卉有意引入，是著名的观赏植物，园艺品种众多，南北各地常见种植并逸为野生。在华东地区广泛栽培并归化。

相似种：多花百日菊 [*Zinnia peruviana* (Linnaeus) Linnaeus]　叶披针形或狭卵状披针形，头状花序直径 2.5 ~ 3.8 cm ⑥⑦。原产于墨西哥，作为观赏植物引入，亦常见栽培，在西南和北方地区有逸为野生。

	状态
中国	入侵
华东	入侵

五加科 **Araliaceae**

南美天胡荽　欧洲天胡荽、香菇草、铜钱草　天胡荽属 *Hydrocotyle*

Hydrocotyle verticillata Thunberg

多年生挺水或湿生草本。常生于农田、草地、旱地或湿地①②。全株光滑无毛，植株具有蔓生性，根茎发达，节上常生不定根③。叶片圆形盾状，叶缘波状具钝圆锯齿，叶面油绿具光泽④。伞形花序总状排列，每一花序有花 4 ~ 6 轮，每轮 3 ~ 10 朵小花，花瓣白色⑤。双悬果，果实两侧压扁⑥。花果期 5 ~ 10 月。

原产于美洲热带地区，归化于热带非洲、澳大利亚、欧洲和亚洲。1979 年在福建大田县有标本记录，作为水生观赏植物有意引入，后伴随着栽培范围的扩大而在长江以南的水域传播，并且在很多湿地沿岸地区大规模地蔓延。广泛栽培并归化于华东地区各省市⑦，唯在山东省南部地区偶有逸生，尚未造成入侵。

相似种：少脉天胡荽（*Hydrocotyle vulgaris* Linnaeus）　该种的学名常与南美天胡荽的混用，但本种叶柄尤其是近顶端及花序密被毛，区别明显。原产于美洲，在中国尚未发现有分布，也未见引种栽培。

伞形科 Apiaceae

	状态
中国	入侵
华东	入侵

细叶旱芹　茴香芹、细叶芹　圆果旱芹属 *Cyclospermum*

Cyclospermum leptophyllum (Persoon) Spargue ex Britton & P. Wilson

　　一年生草本。常生于田野荒地、路边草地或湿地附近①。叶宽长圆形或长圆状卵形，三至四回羽状多裂，小裂片丝线形至丝状②。复伞形花序顶生或腋生，无总苞片和小苞片③；花瓣白色、绿色或稍带粉红色，顶端内折，花丝短于花瓣④。分生果卵圆形，侧面扁平，具果棱 5 条，圆钝⑤。花果期 5~7 月。

　　原产于南美洲，广泛分布于世界热带至温带地区。20 世纪初在香港有分布记载，由其种子混入进口农产品或种子中无意带入，后由华南地区逐渐传播至长江流域，西南地区亦有分布，是常见的农田、草坪及园圃杂草。广泛分布于华东地区的安徽、福建、江苏、江西、上海和浙江等地。

野胡萝卜　假胡萝卜、鹤虱草　胡萝卜属 *Daucus*

Daucus carota Linnaeus

	状态
中国	入侵
华东	入侵

　　二年生草本。常生于田间地头、山坡灌丛或路边荒地①。叶二至三回羽状全裂，末回裂片线形或披针形，茎生叶近无柄②。复伞形花序具伞辐多数，总苞有多数苞片，呈叶状，羽状分裂，裂片线形③；花瓣通常白色，有时带淡红色④。果实圆卵形，棱上有白色刺毛⑤⑥。花期 5～7 月，果期 6～8 月。

　　原产于欧洲，广泛分布于欧亚大陆和北美洲，非洲北部和南部、南美洲中南部、澳大利亚东南部和新西兰也有分布。明初朱橚所著的《救荒本草》（1406 年）首次记载："生荒野中，苗叶似家胡萝卜，但细小。"可能随作物种子通过人、货物经丝绸之路携带而入，广泛分布于南北各地，为农田常见杂草，也广泛发生于城市路边，影响景观。华东地区广布。

参考文献

胡长松，陈瑞辉，董贤忠，等，2016.江苏粮食口岸外来杂草的监测调查.植物检疫，30（4）：63–67.

环境保护部，中国科学院，2010.中国第二批外来入侵物种名单.环境保护部.

环境保护部，中国科学院，2014.中国外来入侵物种名单（第三批）.环境保护部.

环境保护部，中国科学院，2017.中国自然生态系统外来入侵物种名单（第四批）.环境保护部.

环境保护总局，中国科学院，2003.中国第一批外来入侵物种名单.中华人民共和国国务院公报.

李振宇，2003.长芒苋——中国苋属一新归化种.植物学通报，20（6）：734–735.

刘冰，叶建飞，刘夙，等，2015.中国被子植物科属概览：依据 APG Ⅲ 系统.生物多样性，23（2）：225–231.

罗莉，李龙沁，许光耀，等，2020.黑、吉、辽、蒙归化植物分布格局及其影响因素.生态学杂志，39（5）：1492–1500.

马金双，李惠茹，2018.中国外来入侵植物名录.北京：高等教育出版社.

王宁，李卫芳，周兵，等，2016.中国入侵克隆植物入侵性、克隆方式及地理起源.生物多样性，24（1）：12–19.

王国欢，白帆，桑卫国，2017.中国外来入侵生物的空间分布格局及其影响因素.植物科学学报，35（4）：513–524.

夏常英，张思宇，王振华，等，2020.中国新归化大戟科植物——头序巴豆.植物检疫，34（1）：54–56.

徐晗，宋云，范晓虹，等，2013.3 种异株苋亚属杂草入侵风险及其在我国适生性分析.植物检疫，27（4）：20–23.

许光耀，李洪远，莫训强，等，2019.中国归化植物组成特征及其时空分布格局分析.植物生态学报，43（7）：601–610.

严靖，闫小玲，王樟华，等，2017.安徽省外来入侵植物的分布格局及其等级划分.植物科学学报，35（5）：679–690.

杨旭东，李振宇，夏常英，等，2020.中国新归化菊科植物——弯喙苣.植物检疫，34（3）：58–60.

张思宇，赵越，吕翠竹，等，2018.中国一新记录归化植物——密毛巴豆.亚热带农业研究，14（1）：58–60.

CABRA-RIVAS I, SALDAÑA A, CASTRO-DÍEZ P, et al., 2016.A multi-scale approach to identify invasion drivers and invaders' future dynamics. Biological Invasions, 18: 411–426.

CAPELLINI I, BAKER J, ALLEN W L, et al., 2015. The role of life history traits in mammalian invasion success. Ecology Letters, 18(10): 1099–1107.

COURCHAMP F, 2013. Alien species: Monster fern makes IUCN invader list. Nature, 498: 37.

FOXCROFT L C, PYŠEK P, RICHARDSON D M, et al., 2017. Plant invasion science in protected areas, progress and priorities. Biological Invasions, 19: 1353–1378.

HUANG D C, ZHANG R Z, KIM K C, et al., 2012.Spatial pattern and determinants of the first detection locations of invasive alien species in mainland China. PLoS ONE, 7(2): e31734.

IUCN, 1999. IUCN guidelines for the prevention of biodiversity loss due to biological invasion. Species, 31–32: 28–42.

JIANG H, FAN Q, LI J T, et al., 2011. Naturalization of alien plants in China. Biodiversity and Conservation, 20(7): 1545–1555.

LIU J, DONG M, MIAO S L, et al., 2006. Invasive alien plants in China, role of clonality and geographical origin. Biological Invasions, 8: 1461–1470.

LOWE S, BROWNE M, BOUDJELAS S, et al., 2000.100 of the world's worst invasive alien species: A selection from the Global Invasive Species Database. The IUCN Invasive Species Specialist Group (ISSG), Auckland, New Zealand, 12pp.

MA J S, 2010.The invasive plants of North America—A primary analysis. Plant Diversity, 32(17): 1–18.

PYŠEK P, PERGL J, ESSL F, et al., 2017.Naturalized alien flora of the world: Species diversity, taxonomic and phylogenetic patterns, geographic distribution and global hotspots of plant invasion. Preslia, 89: 203–274.

PYŠEK P, RICHARDSON D M, REJMÁNEK M, et al., 2004. Alien plants in checklistsand floras: Towards better communication between taxonomists and ecologists. Taxon, 53: 131–143.

REN G P, ZHANG X, LI Y, et al., 2021. Large-scale whole-genome resequencing unravels the domestication history of Cannabis sativa. Science advances, 7(29):eabg2286.

ROILOA S R, RODRIGUEZ-ECHEVERRIA S, FREITAS H, 2014. Effect of physiological integration in self/non-self genotype recognition in the clonal invader *Carpobrotus edulis*. Journal of Plant Ecology, 7: 413–418.

WALLER D M, MUDRAK E L, AMATANGELO K L, et al., 2016. Do associations between native and invasive plants provide signals of invasive impacts? Biological Invasions,18: 3465–3480.

WU S H, T Y A YANG, TENG Y C, et al., 2010. Insights of the latest naturalized flora of Taiwan: Change in the past eight years. Taiwania, 55(2): 139–159.

YU S X, FAN X H, GADAGKAR S R, et al., 2020. Global ore trade is an important gateway for non-native species: A case study of alien plants in Chinese ports. Diversity and Distributions, 10.1111/ddi. 13135.

中文名称索引

拉丁学名索引

附录　华东地区归化植物名录

中文名	学名	科（APG IV）	科（恩格勒 1964）	原产地	引入时间	引入地	依据	具体来源	华东分布	引入方式	引入途径
细叶满江红	*Azolla filiculoides*	满江红科	满江红科	北美洲	1977	北京	文献	吕书缨和严孟荀，1978	安徽、山东、福建、江苏、江西、上海、浙江	有意引入	绿肥和饲料
速生槐叶蘋*	*Salvinia molesta*	槐叶蘋科	槐叶蘋科	南美洲	1996	台湾	标本	TESRI873	福建	有意引入	观赏植物
水盾草④	*Cabomba caroliniana*	莼菜科	睡莲科	北美洲	1993	浙江	标本	丁炳扬、史美中 6207	安徽、山东、福建、江苏、江西、上海、浙江	有意引入	观赏植物
草胡椒	*Peperomia pellucida*	胡椒科	胡椒科	热带美洲	1893	香港	标本	Charles Ford 559	江西、江苏、上海、浙江	无意带入	
大薸②	*Pistia stratiotes*	天南星科	天南星科	南美洲	1903	广东	文献	Forbes & Hemsley, 1903	安徽、山东、福建、江苏、江西、上海、浙江	有意引入	观赏植物
伊乐藻	*Elodea nuttallii*	水鳖科	水鳖科	北美洲	1986	江苏	文献	杨清心和李文朝，1989	江苏、浙江	有意引入	饲料植物
黄菖蒲	*Iris pseudacorus*	鸢尾科	鸢尾科	北非,欧洲,西亚	1959	江苏	著作	中国科学院植物研究所 南京中山植物园，1959	安徽、山东、福建、江苏、江西、上海、浙江	有意引入	观赏植物
葱莲	*Zephyranthes candida*	石蒜科	石蒜科	南美洲	1918	广东	著作	孔庆莱等，1918	安徽、山东、福建、江苏、江西、上海、浙江	有意引入	观赏植物
韭莲	*Zephyranthes carinata*	石蒜科	石蒜科	热带美洲	1865	台湾	著作	杨恭毅，1984	安徽、山东、福建、江苏、江西、上海、浙江	有意引入	观赏植物
龙舌兰	*Agave americana*	天门冬科	龙舌兰科	北美洲	1645	台湾	著作	杨恭毅，1984	福建	有意引入	观赏植物
凤尾丝兰	*Yucca gloriosa*	天门冬科	龙舌兰科	北美洲	1901	台湾	著作	杨恭毅，1984	福建、浙江	有意引入	观赏植物
洋竹草	*Callisia repens*	鸭跖草科	鸭跖草科	热带美洲	1970s	台湾	著作	Chen & Hu, 1976	福建	有意引入	观赏植物
白花紫露草	*Tradescantia fluminensis*	鸭跖草科	鸭跖草科	南美洲	1970	台湾	标本	K.S. Hsu 81	福建、江西	有意引入	观赏植物
紫竹梅	*Tradescantia pallida*	鸭跖草科	鸭跖草科	北美洲	1959	广西	著作	广西壮族自治区卫生厅，1959	安徽、山东、福建、江苏、江西、上海、浙江	有意引入	观赏植物
吊竹梅	*Tradescantia zebrina*	鸭跖草科	鸭跖草科	热带美洲	1909	台湾	著作	杨恭毅，1984	福建	有意引入	观赏植物
凤眼蓝①*	*Eichhornia crassipes*	雨久花科	雨久花科	南美洲	1901	台湾	著作	李振宇和解焱，2002	安徽、山东、福建、江苏、江西、上海、浙江	有意引入	观赏植物
再力花	*Thalia dealbata*	竹芋科	竹芋科	北美洲	1992	江苏	文献	王军，1998	安徽、山东、福建、江苏、江西、上海、浙江	有意引入	观赏植物
风车草	*Cyperus involucratus*	莎草科	莎草科	非洲,西亚	1901	台湾	文献	Chen & Hu, 1976	福建、江西	有意引入	观赏植物
断节莎	*Cyperus odoratus*	莎草科	莎草科	美洲	1923	福建	标本	PEY0043969	安徽、山东、福建、江苏、上海、浙江	无意带入	

中文名	学名	科（APG IV）	科（恩格勒 1964）	原产地	引入时间	引入地	依据	具体来源	华东分布	引入方式	引入途径
苏里南莎草	*Cyperus surinamensis*	莎草科	莎草科	美洲	2009	台湾	文献	Chen et al., 2009	福建、江西	无意带入	
水蜈蚣	*Kyllinga polyphylla*	莎草科	莎草科	非洲	1990s	台湾	著作	林春吉，2000	福建	无意带入	
节节麦	*Aegilops triuncialis*	禾本科	禾本科	欧洲、西亚	汉初	新疆	文献	王庆等，2010	安徽、江苏、山东	无意带入	
弗吉尼亚须芒草	*Andropogon virginicus*	禾本科	禾本科	北美洲	2019	浙江	文献	徐跃良等，2019	浙江	无意带入	
野燕麦④	*Avena fatua*	禾本科	禾本科	欧洲、西亚	1861	香港	著作	Bentham, 1861	安徽、福建、江苏、江西、山东、上海、浙江	无意带入	
地毯草	*Axonopus compressus*	禾本科	禾本科	热带美洲	1940	台湾	文献	Hsu, 1963	福建	有意引入	观赏植物
巴拉草	*Brachiaria mutica*	禾本科	禾本科	热带非洲	1942	台湾	文献	Ohwi, 1942	福建	有意引入	牧草
扁穗雀麦	*Bromus catharticus*	禾本科	禾本科	南美洲	1923	福建	标本	H.H. Chung 1504	安徽、福建、江苏、江西、山东、上海、浙江	有意引入	牧草
野牛草	*Buchloe dactyloides*	禾本科	禾本科	北美洲	1944	甘肃	文献	茅廷玉，1984	江苏、山东	有意引入	观赏植物
蒺藜草②	*Cenchrus echinatus*	禾本科	禾本科	北美洲	1934	台湾	标本	TAI019594	福建、浙江	无意带入	
牧地狼尾草	*Cenchrus polystachios*	禾本科	禾本科	热带非洲	1960	台湾	标本	TAI167793	福建	有意引入	牧草
象草	*Cenchrus purpureus*	禾本科	禾本科	热带非洲	1931	广东	标本	Fung Hom 43	福建	有意引入	牧草
芒颖大麦草	*Hordeum jubatum*	禾本科	禾本科	北美洲和欧亚大陆寒温带	1926	辽宁	标本	J. Sato 2725	江苏、山东	有意引入	牧草
多花黑麦草	*Lolium multiflorum*	禾本科	禾本科	北非、欧洲、西亚	1930	江苏	文献	徐旺生，1998	安徽、福建、江苏、江西、山东、上海、浙江	有意引入	牧草
黑麦草	*Lolium perenne*	禾本科	禾本科	北非、欧洲、西亚	1921	江苏	著作	祁天锡，1921	安徽、福建、江苏、江西、山东、上海、浙江	有意引入	牧草
硬直黑麦草	*Lolium rigidum*	禾本科	禾本科	北非、欧洲、西亚	1953	甘肃	标本	崔友文 10364	安徽、福建、江苏、江西、山东、上海、浙江	有意引入	牧草
毒麦①	*Lolium temulentum*	禾本科	禾本科	欧洲、西亚	1950s	黑龙江	文献	阎贵忠和张隆，1958	江苏、山东	无意带入	
红毛草	*Melinis repens*	禾本科	禾本科	非洲	1951s	台湾	著作	李振宇和解焱，2002	福建、江西	有意引入	牧草
大黍	*Panicum maximum*	禾本科	禾本科	热带非洲	1904	香港	文献	Forbes & Hemsley, 1904	福建	有意引入	牧草
铺地黍	*Panicum repens*	禾本科	禾本科	非洲、欧洲	1827	澳门	标本	Millett. Vachell n. 57.	福建、江西、浙江	无意带入	
假牛鞭草	*Parapholis incurva*	禾本科	禾本科	北非、欧洲、西亚	1950s	浙江	著作	耿以礼，1959	福建、浙江	无意带入	
两耳草	*Paspalum conjugatum*	禾本科	禾本科	热带美洲	1904	香港	文献	Forbes & Hemsley, 1904	福建、浙江	无意带入	
毛花雀稗	*Paspalum dilatatum*	禾本科	禾本科	南美洲	1913	台湾	文献	宝满正冶和李爱英，1981	安徽、江苏、江西、上海、浙江	有意引入	牧草

中文名	学名	科（APG IV）	科（恩格勒 1964）	原产地	引入时间	引入地	依据	具体来源	华东分布	引入方式	引入途径
双穗雀稗	Paspalum distichum	禾本科	禾本科	美洲	1904	台湾	文献	Forbes & Hemsley, 1904	安徽、山东、福建、江苏、江西、上海、浙江	无意带入	
百喜草	Paspalum notatum	禾本科	禾本科	热带美洲	1953	台湾	文献	夏汉平和敖惠修, 2000	福建、江西	有意引入	牧草
丝毛雀稗	Paspalum urvillei	禾本科	禾本科	南美洲	1962	台湾	标本	TAI021102	福建、江西、浙江	有意引入	牧草
水虉草	Phalaris aquatica	禾本科	禾本科	北非、欧洲、西亚	2000s	云南	著作	Flora of China Vol. 335	江苏	有意引入	牧草
石茅①	Sorghum halepense	禾本科	禾本科	欧洲	1904	台湾	文献	Forbes & Hemsley, 1904	安徽、福建、江苏、江西、山东、上海、浙江	有意引入	牧草
苏丹草	Sorghum sudanense	禾本科	禾本科	非洲	1944	台湾	著作	台湾总督府农业试验所, 1944	安徽、江西、山东、浙江	有意引入	牧草
互花米草①	Sporobolus alterniflorus	禾本科	禾本科	北美洲	1979	江苏	文献	仲维畅, 2006	福建、江西、山东、上海、浙江	有意引入	护坡植物
虞美人	Papaver rhoeas	罂粟科	罂粟科	欧洲	1000s	陕西	古书	本草图经	安徽、福建、江苏、江西、山东、上海、浙江	有意引入	观赏植物
刺果毛茛	Ranunculus muricatus	毛茛科	毛茛科	北非、欧洲、西亚	1881	台湾	文献	Lourteig, 1951	安徽、福建、江苏、江西、上海、浙江	无意带入	
洋吊钟	Bryophyllum delagoense	景天科	景天科	热带非洲	1954	广东	标本	陈少卿 8574	福建	有意引入	观赏植物
落地生根	Bryophyllum pinnatum	景天科	景天科	热带非洲	1861	香港	著作	Bentham, 1861	福建	有意引入	药用植物、观赏植物
粉绿狐尾藻	Myriophyllum aquaticum	小二仙草科	小二仙草科	南美洲	1996	台湾	标本	PE01446594	安徽、江苏、江西、上海、浙江	有意引入	观赏植物
五叶地锦	Parthenocissus quinquefolia	葡萄科	葡萄科	北美洲	1900	辽宁	标本	IFP08802002x0008	安徽、江苏、江西、上海、山东	有意引入	观赏植物
银荆	Acacia dealbata	豆科	豆科	大洋洲	1946	云南	标本	刘慎谔 15048	福建、江西、浙江	有意引入	薪炭植物
黑荆*	Acacia mearnsii	豆科	豆科	大洋洲	1951	广东	标本	陈少卿 7188	福建、江西、浙江	有意引入	栲胶树种
紫穗槐	Amorpha fruticosa	豆科	豆科	北美洲	1937	华北	文献	吴秉信, 1953	安徽、福建、江苏、江西、山东、上海、浙江	有意引入	护坡植物
蔓花生	Arachis duranensis	豆科	豆科	南美洲	1990s	福建	著作	何家庆, 2012	福建	有意引入	观赏植物
木豆	Cajanus cajan	豆科	豆科	热带亚洲	1909	台湾	文献	Wu et al., 2003	福建、江西、浙江	有意引入	食用植物
山扁豆	Chamaecrista mimosoides	豆科	豆科	热带亚洲	1882	云南	标本	KUN1206645	福建、江西、山东、浙江	有意引入	绿肥植物
蝶豆	Clitoria ternatea	豆科	豆科	热带亚洲	1917	广东	标本	SYS00040588	福建	有意引入	观赏植物
长果猪屎豆	Crotalaria lanceolata	豆科	豆科	热带非洲	1936	广东	标本	SYS00046135	福建	无意带入	

中文名	学名	科（APG IV）	科（恩格勒 1964）	原产地	引入时间	引入地	依据	具体来源	华东分布	引入方式	引入途径
三尖叶猪屎豆	Crotalaria micans	豆科	豆科	热带美洲	1930	台湾	标本	PE00101810	福建	有意引入	绿肥植物
光萼猪屎豆	Crotalaria trichotoma	豆科	豆科	热带非洲	1931	台湾	文献	Wu et al., 2003	福建	有意引入	绿肥植物
南美山蚂蝗	Desmodium tortuosum	豆科	豆科	热带美洲	1930	广东	标本	SYS00048253	福建、江西	有意引入	绿肥植物
野青树	Indigofera suffruticosa	豆科	豆科	热带美洲	1861	香港	著作	Bentham, 1861	福建、江西	有意引入	药用植物、观赏植物
银合欢 *	Leucaena leucocephala	豆科	豆科	热带美洲	1645	台湾	著作	李振宇和解焱，2002	福建、江西、浙江	有意引入	观赏植物
紫花大翼豆	Macroptilium atropurpureum	豆科	豆科	热带美洲	1969	香港	标本	PE00302632	福建	有意引入	绿肥植物
大翼豆	Macroptilium lathyroides	豆科	豆科	热带美洲	1913	贵州	标本	PE00208388	福建	有意引入	绿肥植物
南苜蓿	Medicago polymorpha	豆科	豆科	北非、欧洲、西亚	1593	不详	古书	本草纲目	安徽、山东、福建、江苏、上海、江西、浙江	有意引入	绿肥植物
紫苜蓿	Medicago sativa	豆科	豆科	中亚西部	公元前100	陕西	古书	汉书·西域传上	安徽、山东、福建、江苏、上海、江西、浙江	有意引入	牧草
印度草木樨	Melilotus indicus	豆科	豆科	印度	1918	江苏	标本	NAS00120673	安徽、山东、福建、江苏、上海、山东	有意引入	牧草
草木樨	Melilotus officinalis	豆科	豆科	欧洲	1887	江苏	古书	释草小记	安徽、山东、福建、江苏、上海、江西	有意引入	牧草
光荚含羞草 ④	Mimosa bimucronata	豆科	豆科	热带美洲	1920	广东	标本	To Kang Peng 6252	福建、江西	有意引入	护坡植物
无刺巴西含羞草	Mimosa diplotricha var. inermis	豆科	豆科	热带美洲	1961	海南	标本	陈少卿 17904	福建	有意引入	绿肥植物
含羞草 *	Mimosa pudica	豆科	豆科	热带美洲	1645	台湾	著作	李振宇和解焱，2002	福建	有意引入	观赏植物
刺槐	Robinia pseudoacacia	豆科	豆科	北美洲	1877	江苏	著作	陈嵘，1933	安徽、山东、福建、江苏、上海、江西、浙江	有意引入	行道树、造林树种
绣球小冠花	Securigera varia	豆科	豆科	欧洲	1924	辽宁	标本	PE00417892	江苏	有意引入	绿肥植物
翅荚决明	Senna alata	豆科	豆科	热带美洲	1934	海南	标本	黄志 36218	福建	有意引入	观赏植物
双荚决明	Senna bicapsularis	豆科	豆科	热带美洲	1923	广东	标本	Kang Ping To 245	福建、江西、浙江	有意引入	观赏植物
伞房决明	Senna corymbosa	豆科	豆科	热带美洲	1990	四川	文献	杨开泰，1995	安徽、上海、福建、江苏、浙江	有意引入	观赏植物
望江南	Senna occidentalis	豆科	豆科	热带美洲	1917	广东	标本	C.O. Levine 1662	安徽、山东、福建、江苏、上海、江西、浙江	有意引入	药用植物
槐叶决明	Senna sophera	豆科	豆科	热带美洲	1928	广东	标本	蒋英 1129	江西	有意引入	观赏植物
田菁	Sesbania cannabina	豆科	豆科	大洋洲	1910	浙江	标本	PE00214408	安徽、山东、福建、江苏、上海、江西、浙江	有意引入	绿肥植物
圭亚那笔花豆	Stylosanthes guianensis	豆科	豆科	热带美洲	1960s	广东	文献	孙锡洽等，1987	福建、浙江	有意引入	绿肥植物

中文名	学名	科（APG IV）	科（恩格勒 1964）	原产地	引入时间	引入地	依据	具体来源	华东分布	引入方式	引入途径
白灰毛豆	*Tephrosia candida*	豆科	豆科	西南亚	1928	广东	标本	IBSC0189100	福建	有意引入	绿肥植物、护坡植物
红车轴草	*Trifolium pratense*	豆科	豆科	北非、欧洲、西亚	1922	江西	标本	A.N. Steward 0726	安徽、福建、江苏、江西、山东、上海、浙江	有意引入	牧草
白车轴草	*Trifolium repens*	豆科	豆科	北非、欧洲、西亚	1908	云南	标本	钟观光 4967	安徽、福建、江苏、江西、山东、上海、浙江	有意引入	牧草
长柔毛野豌豆	*Vicia villosa*	豆科	豆科	欧洲、西亚	1926	广东	标本	F.A. McClure 2026	江苏、山东、浙江	有意引入	牧草
大麻	*Cannabis sativa*	大麻科	桑科	中亚	史前	新疆	古书	诗经	安徽、福建、江苏、江西、山东、上海、浙江	无意带入	
小叶冷水花	*Pilea microphylla*	荨麻科	荨麻科	热带美洲	1917	广东	标本	C.O. Levine 997	安徽、福建、江苏、江西、山东、上海、浙江	有意引入	观赏植物
木麻黄	*Casuarina equisetifolia*	木麻黄科	木麻黄科	大洋洲	1897	台湾	文献	仲崇禄等，2005	福建、浙江	有意引入	行道树、观赏植物
美洲马㼎儿④	*Melothria pendula*	葫芦科	葫芦科	南美洲	2001	台湾	标本	C.M.Wang 04810	福建、江西	无意带入	
刺果瓜	*Sicyos angulatus*	葫芦科	葫芦科	北美洲	1987	云南	标本	KUN0552113	山东	无意带入	
四季秋海棠	*Begonia cucullata*	秋海棠科	秋海棠科	南美洲	1901	台湾	文献	杨恭毅，1984	福建、江西、浙江	有意引入	观赏植物
关节酢浆草	*Oxalis articulata*	酢浆草科	酢浆草科	南美洲	1938	浙江	标本	KUN0555891	安徽、福建、江苏、江西、山东、上海、浙江	有意引入	观赏植物
红花酢浆草	*Oxalis debilis*	酢浆草科	酢浆草科	南美洲	1861	香港	著作	Bentham, 1861	安徽、福建、江苏、江西、山东、上海、浙江	有意引入	观赏植物
紫叶酢浆草	*Oxalis triangularis*	酢浆草科	酢浆草科	南美洲	1997	上海	文献	焦磊和朱红慧，2014	安徽、福建、江苏、江西、山东、上海、浙江	有意引入	观赏植物
龙珠果	*Passiflora foetida*	西番莲科	西番莲科	热带美洲	1861	香港	著作	Bentham, 1861	福建	有意引入	食用植物
三角叶西番莲	*Passiflora suberosa*	西番莲科	西番莲科	热带美洲	1926	台湾	标本	S. Saito 7504	福建	有意引入	药用植物、观赏植物
猩猩草	*Euphorbia cyathophora*	大戟科	大戟科	热带美洲	1911	台湾	著作	Hayata, 1911	福建、江苏、江西、山东、浙江	有意引入	观赏植物
齿裂大戟	*Euphorbia dentata*	大戟科	大戟科	北美洲	1976	北京	著作	中国植物志第44卷3册	山东	无意带入	
白苞猩猩草	*Euphorbia heterophylla*	大戟科	大戟科	热带美洲	1923	广东	标本	SYS0035420	安徽、福建、江西、浙江	无意带入	
飞扬草	*Euphorbia hirta*	大戟科	大戟科	热带美洲	1896	台湾	标本	T. Makino 7648	安徽、福建、江苏、江西、浙江	无意带入	
通奶草	*Euphorbia hypericifolia*	大戟科	大戟科	热带美洲	1907	广东	标本	PE00946036	安徽、福建、江苏、江西、山东、上海、浙江	无意带入	
斑地锦	*Euphorbia maculata*	大戟科	大戟科	北美洲	1933	上海	标本	NAS00123696	安徽、福建、江苏、江西、山东、上海、浙江	无意带入	

中文名	学名	科（APG IV）	科（恩格勒 1964）	原产地	引入时间	引入地	依据	具体来源	华东分布	引入方式	引入途径
大地锦	Euphorbia nutans	大戟科	大戟科	热带美洲	1998	江苏	著作	李扬汉，1998	安徽、浙江、福建、江苏、上海	无意带入	
南欧大戟	Euphorbia peplus	大戟科	大戟科	北非，欧洲	1925	福建	标本	F.P. Metcalf class 989	福建	无意带入	
匍匐大戟	Euphorbia prostrata	大戟科	大戟科	热带美洲	1922	福建	标本	AU012625	安徽、山东、福建、江苏、上海、浙江	无意带入	
匍根大戟	Euphorbia serpens	大戟科	大戟科	热带美洲	1971	江苏	标本	N147090756	福建、江西、上海	无意带入	
蓖麻	Ricinus communis	大戟科	大戟科	非洲	659	陕西	古书	唐本草	安徽、江苏、江西、山东、上海、浙江	有意引入	药用植物
苦味叶下珠	Phyllanthus amarus	叶下珠科	大戟科	热带美洲	1928	台湾	标本	S. Saito 8456	福建	无意带入	
纤梗叶下珠	Phyllanthus tenellus	叶下珠科	大戟科	热带非洲	1997	台湾	文献	Chen & Wu, 1997	福建	无意带入	
野老鹳草	Geranium carolinianum	牻牛儿苗科	牻牛儿苗科	北美洲	1926	江苏	标本	NAS00122114	安徽、福建、江西、山东、上海、浙江	无意带入	
长叶水苋菜	Ammannia coccinea	千屈菜科	千屈菜科	美洲	1987	台湾	文献	中华林学季刊1987, 20(1): 109. fig. 1.	安徽、山东、浙江	无意带入	
香膏萼距花	Cuphea carthagenensis	千屈菜科	千屈菜科	热带美洲	1960	台湾	文献	Hsu, 1973	福建、江西	有意引入	观赏植物
无瓣海桑	Sonneratia apetala	海桑科	海桑科	热带亚洲	1985	海南	文献	李云等，1998	福建	有意引入	造林树种
小花山桃草	Gaura parviflora	柳叶菜科	柳叶菜科	北美洲	1930	山东	标本	PE01152945	安徽、福建、江苏、山东、上海、浙江	无意带入	
翼茎丁香蓼	Ludwigia decurrens	柳叶菜科	柳叶菜科	热带美洲	2004	台湾	标本	高资栋 257494	江西	无意带入	
细果草龙	Ludwigia leptocarpa	柳叶菜科	柳叶菜科	北美洲	2008	浙江	标本	QSH081022158	上海、浙江	无意带入	
月见草	Oenothera biennis	柳叶菜科	柳叶菜科	北美洲	1600s	辽宁	著作	何家庆，2012	安徽、福建、江西、山东、上海、浙江	有意引入	观赏植物
海滨月见草	Oenothera drummondii	柳叶菜科	柳叶菜科	北美洲	1923	福建	标本	PE013448951	福建、山东	有意引入	观赏植物
黄花月见草	Oenothera glazioviana	柳叶菜科	柳叶菜科	欧洲（杂交起源）	1600s	浙江	著作	徐海根和强胜，2018	安徽、福建、江苏、山东、上海、浙江	无意带入	
裂叶月见草	Oenothera laciniata	柳叶菜科	柳叶菜科	北美洲	1923	福建	标本	IBSC0379864	安徽、福建、江苏、江西、上海、浙江	无意带入	
美丽月见草	Oenothera speciosa	柳叶菜科	柳叶菜科	北美洲	1999	台湾	文献	于漱琦和田永清，1999	安徽、福建、江苏、江西、山东、上海、浙江	有意引入	观赏植物
四翅月见草	Oenothera tetraptera	柳叶菜科	柳叶菜科	北美洲	1848	台湾	文献	徐永清等，2006	福建、江苏、上海	有意引入	观赏植物
桉	Eucalyptus robusta	桃金娘科	桃金娘科	大洋洲	1890	广东	著作	侯宽昭，1954	福建、江西、浙江	有意引入	行道树
火炬树	Rhus typhina	漆树科	漆树科	北美洲	1959	北京	文献	中国科学院北京植物研究所植物园园木组，1977	安徽、江苏、山东	有意引入	造林树种
长蒴黄麻	Corchorus olitorius	锦葵科	椴树科	热带非洲	1920	海南	标本	陈焕镛 5741	福建	有意引入	纤维植物

中文名	学名	科（APG IV）	科（恩格勒 1964）	原产地	引入时间	引入地	依据	具体来源	华东分布	引入方式	引入途径
泡果苘	*Herissantia crispa*	锦葵科	锦葵科	热带美洲	1933	海南	标本	陈念劬 44751	福建	无意带入	
赛葵	*Malvastrum coromandelianum*	锦葵科	锦葵科	热带美洲	1861	香港	著作	Bentham, 1861	福建、江西	无意带入	
黄花稔	*Sida acuta*	锦葵科	锦葵科	热带美洲	1904	台湾	标本	Miyake 16458	福建	无意带入	
蛇婆子	*Waltheria indica*	锦葵科	梧桐科	热带美洲	1861	香港	著作	Bentham, 1861	福建	无意带入	
臭荠	*Coronopus didymus*	十字花科	十字花科	南美洲	1905	香港	文献	Corlett, 1992	安徽、福建、江苏、江西、山东、上海、浙江	无意带入	
南美独行菜	*Lepidium bonariense*	十字花科	十字花科	南美洲	2002	台湾	标本	Hsu 10708	福建、浙江	无意带入	
绿独行菜	*Lepidium campestre*	十字花科	十字花科	欧洲、西亚	1925	辽宁	标本	PE01055667	山东	无意带入	
密花独行菜	*Lepidium densiflorum*	十字花科	十字花科	北美洲	1931	辽宁	标本	PE01055909	山东	无意带入	
北美独行菜	*Lepidium virginicum*	十字花科	十字花科	北美洲	1910	上海	标本	H. Migo s.n.	安徽、福建、江苏、江西、山东、上海、浙江	无意带入	
豆瓣菜	*Nasturtium officinale*	十字花科	十字花科	欧洲至西亚	1805	广东	古书	龙山乡志	安徽、江苏、江西、上海、山东、浙江	有意引入	食用植物
野萝卜	*Raphanus raphanistrum*	十字花科	十字花科	北非、欧洲、西亚	1959	四川	标本	川经南 5448	福建、浙江	无意带入	
珊瑚藤	*Antigonon leptopus*	蓼科	蓼科	北美洲	1915	台湾	标本	TAI041874	福建	有意引入	观赏植物
麦仙翁	*Agrostemma githago*	石竹科	石竹科	欧洲	1931	黑龙江	标本	S.C. Han 24	安徽、江苏、山东、浙江	无意带入	
球序卷耳	*Cerastium glomeratum*	石竹科	石竹科	北非、欧洲、西亚	1406	新疆	古书	救荒本草	安徽、福建、江苏、江西、山东、上海、浙江	无意带入	
蝇子草	*Silene gallica*	石竹科	石竹科	欧洲	1907	福建	标本	Anonymous 301	福建、浙江	有意引入	观赏植物
无瓣繁缕	*Stellaria pallida*	石竹科	石竹科	欧洲	1949	上海	标本	WUK0111014	安徽、福建、江苏、江西、山东、上海、浙江	无意带入	
巴西莲子草	*Alternanthera brasiliana*	苋科	苋科	热带美洲	1980s	广东	著作	何家庆，2012	福建、江西	有意引入	观赏植物
空心莲子草①	*Alternanthera philoxeroides*	苋科	苋科	南美洲	1892	上海	著作	李振宇和解焱，2002	安徽、福建、江苏、江西、山东、上海、浙江	无意带入	
刺花莲子草	*Alternanthera pungens*	苋科	苋科	南美洲	1957	四川	标本	李德久 3686	福建	无意带入	
白苋	*Amaranthus albus*	苋科	苋科	北美洲	1915	天津	标本	TIE00046378	山东	无意带入	
北美苋	*Amaranthus blitoides*	苋科	苋科	北美洲	1959	辽宁	著作	傅沛云等，1980	安徽、山东	无意带入	
凹头苋	*Amaranthus blitum*	苋科	苋科	北非、欧洲、西亚	1000s	新疆	古书	物类相感志	安徽、福建、江苏、江西、山东、上海、浙江	无意带入	
老枪谷	*Amaranthus caudatus*	苋科	苋科	南美洲	1700s	黑龙江	古书	龙沙纪略	安徽、福建、江苏、江西、山东、上海、浙江	有意引入	食用植物

中文名	学名	科（APG IV）	科（恩格勒1964）	原产地	引入时间	引入地	依据	具体来源	华东分布	引入方式	引入途径
老鸦谷	*Amaranthus cruentus*	苋科	苋科	热带美洲	1759	不详	标本	Herb. Linn. No. 117.25	安徽、山东、福建、上海、江苏、江西、浙江	有意引入	食用植物
假刺苋	*Amaranthus dubius*	苋科	苋科	热带美洲	2002	台湾	标本	Chen s.n.	安徽、福建、江西、浙江	无意带入	
绿穗苋	*Amaranthus hybridus*	苋科	苋科	热带美洲	1856	西藏	标本	P0461942	安徽、山东、福建、上海、江苏、江西、浙江	无意带入	
千穗谷	*Amaranthus hypochondriacus*	苋科	苋科	北美洲	1734	山西	古书	山西通志	安徽、山东、福建、上海、江苏、江西、浙江	有意引入	食用植物
长芒苋④	*Amaranthus palmeri*	苋科	苋科	北美洲	1985	北京	文献	李振宇, 2003	山东	无意带入	
合被苋	*Amaranthus polygonoides*	苋科	苋科	热带美洲	1979	山东	标本	SDAU0116	安徽、山东、上海、浙江	无意带入	
反枝苋③	*Amaranthus retroflexus*	苋科	苋科	北美洲	1891	山东	文献	Forbes & Hemsley, 1891	安徽、江西、山东	无意带入	
刺苋②	*Amaranthus spinosus*	苋科	苋科	热带美洲	1836	澳门	标本	N. 92（P）	安徽、山东、福建、上海、江苏、江西、浙江	无意带入	
薄叶苋	*Amaranthus tenuifolius*	苋科	苋科	西南亚	1996	山东	标本	SDFS96002	山东	无意带入	
苋	*Amaranthus tricolor*	苋科	苋科	热带亚洲	1406	不详	古书	救荒本草	安徽、山东、福建、上海、江苏、江西、浙江	有意引入	食用植物
糙果苋	*Amaranthus tuberculatus*	苋科	苋科	北美洲	2009	辽宁	标本	李振宇、傅连中、范晓虹 11828B	山东	无意带入	
皱果苋	*Amaranthus viridis*	苋科	苋科	热带美洲	1844	澳门	标本	P0417694	安徽、山东、福建、上海、江苏、江西、浙江	无意带入	
鸡冠花	*Celosia cristata*	苋科	苋科	印度	1000s	西藏	古书	嘉祐本草	安徽、山东、福建、上海、江苏、江西、浙江	有意引入	观赏植物
杂配藜	*Chenopodium hybridum*	苋科	藜科	欧洲、西亚	1905	北京	标本	Y. Yabe s.n.	山东	无意带入	
土荆芥②	*Dysphania ambrosioides*	苋科	藜科	热带美洲	1700s	广东	古书	生草药性备要	安徽、福建、上海、江苏、江西、浙江	无意带入	
铺地黎	*Dysphania pumilio*	苋科	藜科	大洋洲	1993	河南	标本	朱长山 93010	山东	无意带入	
银花苋	*Gomphrena celosioides*	苋科	苋科	热带美洲	1959	江苏	著作	中国科学院植物研究所南京中山植物园, 1959	福建、江西、浙江	有意引入	观赏植物
千日红	*Gomphrena globosa*	苋科	苋科	热带美洲	1600s	台湾	古书	花镜	安徽、山东、福建、上海、江苏、江西、浙江	有意引入	观赏植物
番杏	*Tetragonia tetragonoides*	番杏科	番杏科	大洋洲	1782	福建	古书	质问本草	福建、浙江	无意带入	
垂序商陆④	*Phytolacca americana*	商陆科	商陆科	北美洲	1932	山东	标本	PE01606726	安徽、山东、福建、上海、江苏、江西、浙江	有意引入	药用植物、观赏植物
蒜香草	*Petiveria alliacea*	蒜香草科	商陆科	热带美洲	2001	云南	文献	童庆宣和池敏杰, 2013	福建	有意引入	观赏植物

中文名	学名	科(APG IV)	科(恩格勒1964)	原产地	引入时间	引入地	依据	具体来源	华东分布	引入方式	引入途径
叶子花	*Bougainvillea spectabilis*	紫茉莉科	紫茉莉科	南美洲	1872	台湾	著作	何家庆,2012	福建、江西	有意引入	观赏植物
紫茉莉	*Mirabilis jalapa*	紫茉莉科	紫茉莉科	热带美洲	1500s	南部沿海	古书	重订增补陶朱公致富全书	安徽、江苏、山东、江西、上海、浙江	有意引入	观赏植物
落葵薯②	*Anredera cordifolia*	落葵科	落葵科	南美洲	1926	江苏	标本	T.Y. Cheo 12915	福建、浙江	有意引入	观赏植物
落葵	*Basella alba*	落葵科	落葵科	热带亚洲	500	华南	古书	名医别录	安徽、福建、江西、山东、上海、浙江	有意引入	食用植物
土人参	*Talinum paniculatum*	土人参科	马齿苋科	热带美洲	1898	台湾	文献	Matsumura & Hayata, 1906	安徽、江西、山东、浙江	有意引入	药用植物、观赏植物
大花马齿苋	*Portulaca grandiflora*	马齿苋科	马齿苋科	南美洲	1900s	台湾	著作	何家庆,2012	安徽、江西、山东、上海、浙江	有意引入	观赏植物
毛马齿苋	*Portulaca pilosa*	马齿苋科	马齿苋科	热带美洲	1907	台湾	标本	TAIF-PLANT-9383	福建	无意带入	
仙人掌*	*Opuntia dillenii*	仙人掌科	仙人掌科	热带美洲	1600s	福建	古书	花镜	安徽、江苏、山东、江西、上海、浙江	有意引入	观赏植物、园篱植物
匍地仙人掌	*Opuntia humifusa*	仙人掌科	仙人掌科	北美洲	2000s	江苏	文献	李新华等,2020	江苏、山东	有意引入	观赏植物
单刺仙人掌	*Opuntia monacantha*	仙人掌科	仙人掌科	南美洲	1625	云南	古书	滇志	福建、浙江	有意引入	观赏植物、园篱植物
凤仙花	*Impatiens balsamina*	凤仙花科	凤仙花科	热带亚洲	871	广东	古书	北户录	安徽、福建、江苏、山东、上海、江西、浙江	有意引入	观赏植物
双角草	*Diodia virginiana*	茜草科	茜草科	北美洲	1987	台湾	文献	Hsieh & Chaw, 1987	安徽	无意带入	
睫毛坚扣草	*Hexasepalum teres*	茜草科	茜草科	北美洲	1982	山东	标本	李法曾 820701	安徽、福建、江西、山东、浙江	无意带入	
盖裂果	*Mitracarpus hirtus*	茜草科	茜草科	热带美洲	1980	海南	标本	符国援 1996	福建、江西	无意带入	
巴西墨苜蓿	*Richardia brasiliensis*	茜草科	茜草科	南美洲	1958	海南	标本	IBSC0508848	福建、浙江	无意带入	
田茜	*Sherardia arvensis*	茜草科	茜草科	欧洲、西亚	1991	台湾	标本	Tseng s.n.	江苏、山东、浙江	无意带入	
阔叶丰花草	*Spermacoce alata*	茜草科	茜草科	南美洲	1937	广东	著作	中国植物志 72 卷 2 册	福建、江西、浙江	有意引入	饲料植物
光叶丰花草	*Spermacoce remota*	茜草科	茜草科	南美洲	1987	台湾	文献	Chaw & Peng, 1987	福建	无意带入	
长春花	*Catharanthus roseus*	夹竹桃科	夹竹桃科	非洲	1861	香港	著作	Bentham, 1861	福建、江西、浙江	有意引入	观赏植物
原野菟丝子	*Cuscuta campestris*	旋花科	旋花科	北美洲	1958	新疆	标本	XJBI0003867	福建、浙江	无意带入	
五爪金龙④	*Ipomoea cairica*	旋花科	旋花科	热带非洲	1912	香港	著作	Dunn & Tutcher, 1912	福建、江西	有意引入	观赏植物
橙红茑萝	*Ipomoea coccinea*	旋花科	旋花科	美洲	1937	陕西	著作	贾祖璋和贾祖珊,1937	安徽、江苏、山东、江西、上海、浙江	有意引入	观赏植物
毛果甘薯	*Ipomoea cordatotriloba*	旋花科	旋花科	热带美洲	2011	浙江	文献	马丹丹等,2011	浙江	无意带入	

中文名	学名	科（APG IV）	科（恩格勒 1964）	原产地	引入时间	引入人地	依据	具体来源	华东分布	引入方式	引入途径
瘤梗甘薯	Ipomoea lacunosa	旋花科	旋花科	北美洲	1983	浙江	标本	HTC0002316	安徽、山东、福建、上海、江西、浙江	无意带入	
七爪龙	Ipomoea mauritiana	旋花科	旋花科	热带美洲	1917	广东	标本	PE01603784	福建	有意引入	观赏植物
牵牛	Ipomoea nil	旋花科	旋花科	美洲	200	不详	古书	名医别录	安徽、山东、福建、上海、江西、浙江	无意带入	
圆叶牵牛③	Ipomoea purpurea	旋花科	旋花科	美洲	1890	上海	文献	徐海根和强胜，2004	安徽、山东、福建、上海、江西、浙江	有意引入	观赏植物
茑萝	Ipomoea quamoclit	旋花科	旋花科	热带美洲	1711	福建	古书	花历百咏	安徽、山东、福建、上海、江西、浙江	有意引入	观赏植物
三裂叶薯	Ipomoea triloba	旋花科	旋花科	热带美洲	1921	澳门	标本	PE01142537	安徽、山东、福建、上海、江西、浙江	无意带入	
苞叶小牵牛	Jacquemontia tamnifolia	旋花科	旋花科	热带美洲	1981	广东	标本	IBSC0553689O	江西、山东	无意带入	
毛曼陀罗	Datura innoxia	茄科	茄科	热带美洲	1905	北京	标本	PE00632201	安徽、山东、上海、浙江	有意引入	药用植物、观赏植物
洋金花	Datura metel	茄科	茄科	热带美洲	1593	不详	古书	本草纲目	福建、浙江	有意引入	观赏植物
曼陀罗	Datura stramonium	茄科	茄科	热带美洲	1901	北京	标本	PE00632396	安徽、山东、福建、上海、江西、浙江	有意引入	药用植物
假酸浆	Nicandra physalodes	茄科	茄科	南美洲	1919	云南	标本	PEY0039502	安徽、山东、福建、上海、江西、浙江	有意引入	药用植物、食用植物
苦蘵	Physalis angulata	茄科	茄科	美洲	1593	不详	古书	本草纲目	安徽、山东、福建、上海、江西、浙江	无意带入	
灰绿酸浆	Physalis grisea	茄科	茄科	北美洲	1926	吉林	标本	PE00673585	福建、江西、浙江	有意引入	食用植物
毛酸浆	Physalis pubescens	茄科	茄科	北美洲	1927	海南	标本	Tsang, Wai-Tak 495	安徽、山东、福建、上海、江西、浙江	无意带入	
少花龙葵	Solanum americanum	茄科	茄科	南美洲	1932	海南	标本	PE00709423	福建、江西、上海、浙江	无意带入	
牛茄子	Solanum capsicoides	茄科	茄科	南美洲	1895	香港	著作	李振宇和解焱，2002	福建、上海、江西、浙江	无意带入	
北美刺龙葵	Solanum carolinense	茄科	茄科	北美洲	1957	江苏	标本	王万里 465	山东、浙江	有意引入	药用植物
银毛龙葵	Solanum elaeagnifolium	茄科	茄科	北美洲	2002	台湾	文献	Wu et al.，2004	山东	无意带入	
假烟叶树	Solanum erianthum	茄科	茄科	热带美洲	1711	广东	古书	生草药性备要	福建	无意带入	
珊瑚樱	Solanum pseudocapsicum	茄科	茄科	南美洲	1910	台湾	著作	陈德顺和胡大维，1976	安徽、山东、福建、上海、江西、浙江	有意引入	观赏植物

中文名	学名	科（APG IV）	科（恩格勒1964）	原产地	引入时间	引入地	依据	具体来源	华东分布	引入方式	引入途径
蒜芥叶茄	*Solanum sisymbriifolium*	茄科	茄科	热带美洲	1930	广东	标本	陈焕镛 7948	江西，上海，浙江	有意引入	观赏植物
水茄	*Solanum torvum*	茄科	茄科	热带美洲	1912	香港	著作	Dunn & Tutcher, 1912	福建，浙江	无意带入	
毛果茄	*Solanum viarum*	茄科	茄科	南美洲	1960	云南	标本	HITBC043613	福建，江西，浙江	无意带入	
田玄参	*Bacopa repens*	车前科	玄参科	北美洲	1968	香港	标本	Shih Ying Hu 5647A	福建	无意带入	
敕叶凯氏草	*Kickxia elatine*	车前科	玄参科	北非-欧洲、西亚	2010	上海	标本	李宏庆 SDP03343	江苏，上海，浙江	无意带入	
细柳穿鱼	*Linaria canadensis*	车前科	玄参科	北美洲	2010	浙江	标本	FH20100507	浙江	无意带入	
伏胁花	*Mecardonia procumbens*	车前科	玄参科	热带美洲	2001	台湾	文献	Chen & Wu, 2001	福建	无意带入	
芒苞车前	*Plantago aristata*	车前科	车前科	北美洲	1925	山东	标本	NAS0246111	安徽，江苏，山东	无意带入	
北美车前	*Plantago virginica*	车前科	车前科	北美洲	1950	江西	标本	杨祥学 10761	安徽，江苏，江西，上海，浙江	无意带入	
野甘草	*Scoparia dulcis*	车前科	玄参科	热带美洲	1861	香港	著作	Bentham, 1861	福建，江西，浙江	无意带入	
直立婆婆纳	*Veronica arvensis*	车前科	玄参科	欧洲	1910	江西	标本	PE01443974	安徽，江西，江苏，山东，上海，浙江	无意带入	
常春藤婆婆纳	*Veronica hederifolia*	车前科	玄参科	北非-欧洲、西亚	1928	江苏	标本	NAS0238474	江苏，浙江	无意带入	
阿拉伯婆婆纳	*Veronica persica*	车前科	玄参科	欧洲、西亚	1765	新疆	古书	本草纲目拾遗	安徽，福建，江西，山东，上海，浙江	无意带入	
婆婆纳	*Veronica polita*	车前科	玄参科	西亚	1283	新疆	古书	滇南集验秘方	安徽，福建，江西，山东，上海，浙江	无意带入	
圆叶母草	*Lindernia rotundifolia*	母草科	玄参科	东非至西南亚	2005	广东	标本	SZG00046263	福建，浙江	无意带入	
穿心莲	*Andrographis paniculata*	爵床科	爵床科	西南亚	1939	香港	标本	李日光 1007	福建	有意引入	药用植物
小花十万错	*Asystasia gangetica* subsp. *micrantha*	爵床科	爵床科	热带非洲	2005	台湾	标本	T. W. Hsu & J. J. Peng 11756	福建	有意引入	观赏植物
翠芦莉	*Ruellia simplex*	爵床科	爵床科	北美洲	1960	海南	标本	海南工作站 1332	福建	有意引入	观赏植物
猫爪藤	*Dolichandra unguis-cati*	紫葳科	紫葳科	热带美洲	1840s	福建	著作	李振宇和解焱，2002	福建	有意引入	观赏植物
假连翘	*Duranta erecta*	马鞭草科	马鞭草科	热带美洲	1924	广东	文献	Chung in Mem. Sci. Soc. China 1924, 1(1): 225	福建，江西	有意引入	观赏植物、园篱植物
马缨丹② *	*Lantana camara*	马鞭草科	马鞭草科	热带美洲	1645	台湾	著作	李振宇和解焱，2002	福建，江西	有意引入	观赏植物

续表

中文名	学名	科（APG IV）	科（恩格勒 1964）	原产地	引入时间	引入地	依据	具体来源	华东分布	引入方式	引入途径
蔓马缨丹	Lantana montevidensis	马鞭草科	马鞭草科	南美洲	1922	广东	标本	Kwok Yau, Lau Shan Yan 9065	福建、江西	有意引入	观赏植物
假马鞭	Stachytarpheta jamaicensis	马鞭草科	马鞭草科	热带美洲	1890s	香港	著作	李振宇和解焱，2002	福建	无意带入	
柳叶马鞭草	Verbena bonariensis	马鞭草科	马鞭草科	南美洲	1912	香港	著作	Dunn & Tutcher, 1912	安徽、江西、上海、浙江	有意引入	观赏植物
狭叶马鞭草	Verbena brasiliensis	马鞭草科	马鞭草科	南美洲	1984	台湾	文献	Wu et al., 2004	福建、江西、浙江	无意带入	
山香	Hyptis suaveolens	唇形科	唇形科	热带美洲	1890s	台湾	著作	李振宇和解焱，2002	福建	有意引入	观赏植物
田野水苏	Stachys arvensis	唇形科	唇形科	北非、欧洲、西亚	1864	台湾	标本	R. Oldham s.n.	福建、江西、上海、浙江	无意带入	
穿叶异檐花	Triodanis perfoliata	桔梗科	桔梗科	北美洲	1974	福建	标本	张清其 887	福建、江西、浙江	无意带入	
异檐花	Triodanis perfoliata subsp. biflora	桔梗科	桔梗科	美洲	1981	安徽	标本	沈保安 0847	安徽、福建、江西、浙江	无意带入	
白花金钮扣	Acmella radicans var. debilis	菊科	菊科	美洲	2002	浙江	标本	杭植标 4167	安徽、浙江	无意带入	
藿香蓟④	Ageratum conyzoides	菊科	菊科	美洲	1861	香港	著作	Bentham, 1861	安徽、福建、江西、山东、上海、浙江	无意带入	
豚草①	Ambrosia artemisiifolia	菊科	菊科	北美洲	1935	浙江	著作	李振宇和解焱，2002	安徽、福建、江西、山东、上海、浙江	无意带入	
三裂叶豚草②	Ambrosia trifida	菊科	菊科	北美洲	1930	辽宁	著作	万方浩和王韧，1994	江苏、山东、上海、浙江	无意带入	
婆婆针	Bidens bipinnata	菊科	菊科	北美洲	1861	香港	著作	Bentham, 1861	安徽、福建、江西、山东、上海、浙江	无意带入	
大狼耙草④	Bidens frondosa	菊科	菊科	北美洲	1926	江苏	标本	H.T. Chang 277	安徽、福建、江西、山东、上海、浙江	无意带入	
三叶鬼针草③	Bidens pilosa	菊科	菊科	美洲	1934	广东	文献	北平研究院丛刊1934, 2: 492.	安徽、福建、江西、山东、上海、浙江	无意带入	
飞机草①	Chromolaena odorata	菊科	菊科	美洲	1936	云南	标本	王启无 81144	福建	无意带入	
大花金鸡菊	Coreopsis grandiflora	菊科	菊科	北美洲	1932	山东	标本	F.H. Sha 638	安徽、福建、江西、山东、上海、浙江	有意引入	观赏植物
剑叶金鸡菊	Coreopsis lanceolata	菊科	菊科	北美洲	1911	台湾	著作	Hayata, 1911	安徽、福建、山东、浙江	有意引入	观赏植物
两色金鸡菊	Coreopsis tinctoria	菊科	菊科	北美洲	1911	台湾	著作	Hayata, 1911	安徽、福建、江苏、山东、上海、浙江	有意引入	观赏植物
秋英	Cosmos bipinnatus	菊科	菊科	北美洲	1911	台湾	著作	Hayata, 1911	安徽、福建、江西、山东、上海、浙江	有意引入	观赏植物
黄秋英	Cosmos sulphureus	菊科	菊科	北美洲	1922	福建	标本	H.H. Chung 1411	安徽、福建、江西、山东、上海、浙江	有意引入	观赏植物
澳洲山芫荽	Cotula australis	菊科	菊科	大洋洲	1994	福建	著作	郭城孟，1994	福建	无意带入	

349

中文名	学名	科（APG IV）	科（恩格勒 1964）	原产地	引入时间	引入地	依据	具体来源	华东分布	引入方式	引入途径
野茼蒿	*Crassocephalum crepidioides*	菊科	菊科	非洲	1924	广东	标本	刘心祈 24732	安徽、上海、福建、江苏、江西、浙江	无意带入	
白花地胆草	*Elephantopus tomentosus*	菊科	菊科	北美洲	1894	香港	标本	E. Bodinier 534	福建、江西	无意带入	
梁子菜	*Erechtites hieraciifolius*	菊科	菊科	热带美洲	1938	云南	标本	PEY0060291	福建、浙江	无意带入	
一年蓬③	*Erigeron annuus*	菊科	菊科	北美洲	1886	上海	文献	Forbes & Hemsley, 1888	安徽、福建、江苏、江西、山东、上海、浙江	无意带入	
香丝草	*Erigeron bonariensis*	菊科	菊科	南美洲	1857	香港	著作	Bentham, 1861	安徽、福建、江苏、江西、山东、上海、浙江	无意带入	
小蓬草③	*Erigeron canadensis*	菊科	菊科	美洲	1860	香港	文献	Forbes & Hemsley, 1888	安徽、福建、江苏、江西、山东、上海、浙江	无意带入	
春飞蓬	*Erigeron philadelphicus*	菊科	菊科	北美洲	1890s	上海	著作	李振宇和解焱, 2002	安徽、江苏、江西、山东、上海、浙江	无意带入	
苏门白酒草③	*Erigeron sumatrensis*	菊科	菊科	南美洲	1850s	香港	著作	李振宇和解焱, 2002	安徽、福建、江苏、江西、山东、上海、浙江	无意带入	
黄顶菊②	*Flaveria bidentis*	菊科	菊科	南美洲	2003	天津	标本	PE01564434	山东	无意带入	
牛膝菊	*Galinsoga parviflora*	菊科	菊科	热带美洲	1914	云南	标本	George Forrest 13561	安徽、福建、江苏、江西、山东、上海、浙江	无意带入	
粗毛牛膝菊	*Galinsoga quadriradiata*	菊科	菊科	北美洲	1943	四川	标本	C.Y. Wang 7515	安徽、福建、江苏、江西、山东、上海、浙江	无意带入	
匙叶合冠鼠麹草	*Gamochaeta pensylvanica*	菊科	菊科	南美洲	1861	香港	著作	Bentham, 1861	江西、上海、浙江	无意带入	
裸冠菊	*Gymnocoronis spilanthoides*	菊科	菊科	南美洲	2004	台湾	文献	Hwang et al., 2004	浙江	有意引入	观赏植物
菊芋	*Helianthus tuberosus*	菊科	菊科	北美洲	1914	浙江	标本	LBG00097015	安徽、福建、江苏、江西、山东、上海、浙江	有意引入	食用植物
假蒲公英猫儿菊	*Hypochaeris radicata*	菊科	菊科	北非、欧洲、西亚	1974	台湾	标本	彭镜毅 622	福建、江西	无意带入	
糙毛狮齿菊	*Leontodon hispidus*	菊科	菊科	欧洲至中亚西部	2015	山东	文献	薛渊元等, 2017	山东	无意带入	
薇甘菊①*	*Mikania micrantha*	菊科	菊科	美洲	1884	香港	文献	王伯荪等, 2003	福建、江西、浙江	有意引入	观赏植物
银胶菊②	*Parthenium hysterophorus*	菊科	菊科	美洲	1932	广东	标本	W.T. Tsang 21593	福建、江苏、江西、山东	无意带入	
翼茎阔苞菊	*Pluchea sagittalis*	菊科	菊科	南美洲	1994	台湾	标本	Yen s.n.	福建	无意带入	

续表

中文名	学名	科(APG IV)	科(恩格勒 1964)	原产地	引入时间	引入地	依据	具体来源	华东分布	引入方式	引入途径
假臭草③	Praxelis clematidea	菊科	菊科	南美洲	1980s	香港	著作	李振宇和解焱, 2002	福建、江西	无意带入	
加拿大一枝黄花②	Solidago canadensis	菊科	菊科	北美洲	1926	浙江	标本	Cheo & Wilson 12693	安徽、福建、江西、山东、上海、浙江	有意引入	观赏植物
裸柱菊	Soliva anthemifolia	菊科	菊科	南美洲	1854	香港	标本	US-01209832	安徽、福建、江西、上海、浙江	无意带入	
翅果裸柱菊	Soliva sessilis	菊科	菊科	南美洲	1982	台湾	标本	S.C. Shen s.n.	上海	无意带入	
花叶滇苦菜	Sonchus asper	菊科	菊科	北非、欧洲、西亚	1911	黑龙江	标本	NAS00500068	安徽、福建、江西、山东、上海、浙江	无意带入	
南美蟛蜞菊 *	Sphagneticola trilobata	菊科	菊科	热带美洲	1970s	台湾	著作	杨恭毅, 1984	福建、江西	有意引入	观赏植物
钻叶紫菀③	Symphyotrichum subulatum	菊科	菊科	美洲	1921	浙江	标本	PE00287824	安徽、福建、江西、山东、上海、浙江	无意带入	
金腰箭	Synedrella nodiflora	菊科	菊科	热带美洲	1912	香港	著作	Dunn & Tutcher, 1912	福建	无意带入	
万寿菊	Tagetes erecta	菊科	菊科	北美洲	1688	浙江	古书	秘传花镜	安徽、福建、江西、山东、上海、浙江	有意引入	观赏植物
印加孔雀草	Tagetes minuta	菊科	菊科	南美洲	1990	北京	标本	Anonymous s.n.	江苏、山东	无意带入	
药用蒲公英	Taraxacum officinale	菊科	菊科	北非、欧洲、西亚	1861	香港	著作	Bentham, 1861	安徽、江西、上海	无意带入	
肿柄菊	Tithonia diversifolia	菊科	菊科	热带美洲	1910	台湾	著作	陈德顺和胡大维, 1976	福建	有意引入	观赏植物
羽芒菊	Tridax procumbens	菊科	菊科	热带美洲	1928	台湾	标本	K. Kondo 7091	福建	无意带入	
北美苍耳	Xanthium chinense	菊科	菊科	北美洲	1933	内蒙古	标本	Nakai, Honda & Kitagawa s.n.	安徽、福建、江西、山东、上海、浙江	无意带入	
密刺苍耳	Xanthium orientale	菊科	菊科	北美洲	1982	北京	著作	植物检疫研究报告——检疫性杂草: 64. 1982	山东	无意带入	
百日菊	Zinnia elegans	菊科	菊科	北美洲	1915	江苏	标本	N280163021	安徽、福建、江西、山东、上海、浙江	有意引入	观赏植物
南美天胡荽	Hydrocotyle verticillata	五加科	伞形科	热带美洲	1979	福建	标本	FJSI000634	安徽、福建、江西、山东、上海、浙江	有意引入	观赏植物
细叶旱芹	Cyclospermum leptophyllum	伞形科	伞形科	南美洲	1900s	香港	文献	Dunn & Tutcher, 1912	安徽、福建、江西、山东、上海、浙江	无意带入	
野胡萝卜	Daucus carota	伞形科	伞形科	欧洲	1406	新疆	古书	救荒本草	安徽、福建、江西、山东、上海、浙江	无意带入	

说明: 1. ①~④表示该种被分别列入"中国外来入侵物种名单"(第一批至第四批)中; *表示该种被列为"100种入侵性最强的外来生物种"。

2. 科的顺序按照 APG IV 系统排列,各科内种的顺序按拉丁名的字母顺序排列。

3. "依据"和"具体来源"是指对引入时间的考证,古书和著作文献,文献,古书包括标本 4 类,具体来源中包括文献,古书和著作的名称以及标本号。

附录参考文献

[1] 宝满正治，李爱英．日本热带牧草的引进与育种．热带作物译丛，1981 (6): 54–58.

[2] 陈德顺，胡大维．台湾外来观赏植物名录．台北：川流出版社，1976.

[3] 陈诒绂．金陵园墅志．南京：翰文书店，1933.

[4] 傅沛云，张玉良，杨雅玲，等．十字花科．// 刘慎谔．东北草本植物志（第4卷）．北京：科学出版社，1980: 60.

[5] 郭城孟．马祖植物志．福州：连江县政府，1994: 629.

[6] 耿以礼．中国主要植物图说 禾本科．北京：科学出版社，1959.

[7] 广西壮族自治区卫生厅．广西中药志．南宁：广西壮族自治区人民出版社，1959.

[8] 何家庆．中国外来植物．上海：上海科学技术出版社，2012.

[9] 侯宽昭．中国栽培的桉树．北京：中国科学院出版，1954.

[10] 贾祖璋，贾祖珊．中国植物图鉴．北京：开明书店，1937.

[11] 焦磊，朱红慧．紫叶酢浆草生物学特性及其栽培技术．防护林科技，2014 (5): 114–115.

[12] 孔庆莱，吴德亮，李祥麟，等．植物学大辞典．北京：商务印书馆，1918: 280.

[13] 李新华，周闻，郭嘉诚，等．二色仙人掌，中国仙人掌科一新归化种．热带亚热带植物学报，2020, 28(2): 192–196.

[14] 李扬汉．中国杂草志．北京：中国农业出版社，1998: 503–504.

[15] 李云，郑德璋，陈焕雄，等．红树植物无瓣海桑引种的初步研究．林业科学研究，1998, 11(1): 39–44.

[16] 李振宇．长芒苋——中国苋属一新归化种．植物学通报，2003, 20(6): 734–735.

[17] 李振宇，解焱．中国外来入侵种．北京：中国林业出版社，2002.

[18] 林春吉．台湾水生植物①．台北：田野影像出版社，2000: 245.

[19] 吕书缨，严孟葡．细满江红的初步观察．科技简报，1978 (18): 13–17.

[20] 马丹丹，金水虎，胡军飞，等．发现于普陀山的植物区系新资料．浙江大学学报（理学版），2011, 38(2): 215–217.

[21] 茅廷玉．北方草坪之王——野牛草．中国水土保持，1984 (10): 45.

[22] 祁天锡（N. Gist Gee），著，钱雨农，译．江苏植物名录．上海：中国科学社刊行，1921.（复印本）

[23] 孙锡治，金骏纯，饶维维，等．圭亚那柱花草引种观察．云南农业科技，1987 (4): 12–13+6.

[24] 台湾总督府农业试验所．台湾农家便览（改订增补第6版）．台湾：台湾农友会发行，1944: 797.

[25] 童庆宣，池敏杰．蒜味草（商陆科）——中国一新归化植物．热带亚热带植物学报，2013, 21(5): 423–425.

[26] 万方浩，王韧．豚草及豚草综合治理．北京：中国科学技术出版社，1994.

[27] 王伯荪，廖文波，昝启杰，等．薇甘菊 Mikania micrantha 在中国的传播．中山大学学报，2003, 42(4): 47–54.

[28] 王军．夏花类园林植物的引种及繁育研究．江苏林业科技，1998, 25(S1): 121–124.

[29] 王庆，黄林，袁中伟，等．中国新疆与黄河流域节节麦的传播关系．四川农业大学学报，2010,

28(4): 407–410.

［30］吴秉信. 谈谈栽种紫穗槐的方法. 生物学通报, 1953, Z1: 67–68.

［31］夏汉平, 敖惠修. 我国台湾的主要禾草简介. 草原与草坪, 2000 (1): 43–45.

［32］徐海根, 强胜. 花卉与外来物种入侵. 中国花卉园艺, 2004 (14): 6–7.

［33］徐海根, 强胜. 中国外来入侵生物（修订版）. 北京：科学出版社, 2018.

［34］徐旺生. 近代中国牧草的调查、引进及栽培试验综述. 中国农史, 1998, 17(2): 79–85.

［35］徐永清, 李海燕, 胡宝忠. 月见草属（*Oenothera* L.）植物研究进展. 东北农业大学学报, 2006, 37(1): 111–114.

［36］徐跃良, 张洋, 何贤平, 等. 浙江植物新记录. 浙江林业科技, 2019, 39(4): 95–98.

［37］薛渊元, 杨烁, 赵宏. 中国新记录属种——狮齿菊属和糙毛狮齿菊. 植物科学学报, 2017, 35(3): 321–325.

［38］阎贵忠, 张陛. 黑龙江省牡丹江专区毒麦调查初报. 中国农业科学, 1958 (5): 256–257.

［39］杨恭毅. 杨氏园艺植物大名典（1～9卷）. 台北：杨青造园企业有限公司, 1984.

［40］杨开泰. 值得推广的花灌木——伞房决明. 园林科技信息, 1995 (2): 37.

［41］杨清心, 李文朝. 伊乐藻在东太湖的引种. 中国科学院南京地理与湖泊研究所集刊, 第6号. 北京：科学出版社, 1989.

［42］于漱琦, 田永清. 我国月见草属植物的种类与分布. 特产研究, 1999 (4): 60–62.

［43］仲崇禄, 白嘉雨, 张勇. 我国木麻黄种质资源引种与保存. 林业科学研究, 2005, 18(3): 345–350.

［44］中国科学院植物研究所南京中山植物园. 南京中山植物园栽培植物名录. 上海：上海科学技术出版社, 1959: 71.

［45］中国科学院北京植物研究所植物园木本组. 火炬树. 陕西林业科技, 1977 (4): 40–41.

［46］仲维畅. 大米草和互花米草种植功效的利弊. 科技导报, 2006 (10): 72–78.

［47］BENTHAM G. Flora Hongkongensis. London: Lovell Reeve, 1861.

［48］CHAW S M, PENG C I. Remarks on the species of *Spermacoce* (Rubiaceae) of Taiwan. Journal of Taiwan Museum, 1987, 40(1): 71–83.

［49］CHEN S H, WENG S H, WU M J. *Cyperus surinamensis* Rottb., A newly naturalized sedge species in Taiwan. Taiwania, 2009, 54(4): 399–402.

［50］CHEN S H, WU M J. A revision of the Herbaceous *Phyllanthus* L. (Euphorbiaceae) in Taiwan. Taiwania, 1997, 42(3): 239–261.

［51］CHEN S H, WU M J. Notes on two naturalizes plants in Taiwan. Taiwania, 2001, 46 (1): 85–92.

［52］CHEN T S, HU T W. A list of exotic ornamental plants in Taiwan. Taipei: Chuan Liu Publishers, 1976.

［53］CORLETT R T. The naturalized Flora of Hong Kong: A comparison with Singapore. Journal of Biogeography, 1992, 19(4): 421–430.

［54］DUNN S T, TUTCHER W T. Bulletin of Miscellaneous Information, Additional Series X. Flora of Kwangtung and Hongkong (China). London: Royal Botanic Gardens, Kew, 1912.

［55］FORBES F B, HEMSLEY W B. An enumeration of all the plants known from China Proper, Taiwan, Hainan, Corea, the Luchu Archipelago, and the Island of Hongkong, together with their distribution and synonymy—Part VI. The Journal of the Linnean Society of London, Botany, 1888, 23(156): 417–418.

［56］ FORBES F B, HEMSLEY W B. An Enumeration of all the Plants known from China Proper, Taiwan, Hainan, Corea, the Luchu Archipelago, and the Island of Hongkong, together with their Distribution and Synonymy—Part X. The Journal of the Linnean Society of London, Botany, 1891, 26(176): 317–396.

［57］ FORBES F B, HEMSLEY W B. An enumeration of all the plants known from China Proper, Taiwan, Hainan, Corea, the Luchu Archipelago, and the Island of Hongkong, together with their distribution and synonymy—Part XVI. The Journal of the Linnean Society of London, Botany, 1903, 36(251): 175.

［58］ FORBES F B, HEMSLEY W B. An Enumeration of all the Plants known from China Proper, Taiwan, Hainan, Corea, the Luchu Archipelago, and the Island of Hongkong, together with their Distribution and Synonymy—Part XVIII. The Journal of the Linnean Society of London, Botany, 1904, 36(253): 297–376.

［59］ HAYATA B. Icones plantarum Taiwan（台湾植物图谱）. Taipei: Bureau of productive industry, Taiwan（台湾总督府民政部殖产局）, 1911.

［60］ HSIEH C F, CHAW S M. *Diodia virginiana* L.(Rubiaceae) in Hsinchu: New to Taiwan. Botanical Bulletin of Academia Sinica, 1987, 28(1): 43–48.

［61］ HSU C C. The Paniceae (Gramineae) of Taiwan. Taiwania, 1963, 9(1): 33–57.

［62］ HSU C C. Some noteworthy plants found in Taiwan. Tanwania, 1973, 18 (1): 62–63.

［63］ HWANG S Y, PENG J J, HUANG J C, et al. The survey of invasive plants in Taiwan. Nantou: Endemic Species Research Institute, 2004: 1–55.

［64］ LOURTEIG A. Ranunculaceas de Sudamérica templada. Darwiniana, 1951, 9(3/4): 397–608.

［65］ MATSUMURA J, HAYATA B. Enumeratio plantarum Taiwan. Journal of the College of Science, Imperial University of Tokyo, Japan, 1906: 39.

［66］ OHWI J. Gramina Japonica III. Acta Phytotaxonomica et Geobotanica, 1942 (11): 27–56.

［67］ WU S H, CHAW S M, Rejmánek M. Naturalized Fabaceae (Leguminosae) species in Taiwan: The first approximation. Botanical Bulletin of Academia Sinica, 2003, 44(1): 59-66.

［68］ WU S H, HSIEH C F, REJMÁNEK M. Catalogue of the naturalized flora of Taiwan. Taiwania, 2004, 49(1): 16–31.